KB088886

66일 인문학 대화법

1일 1문장으로 부모는 따뜻하게, 아이는 단단하게 자라는

66일 인문학 대화법

김종원 지음

"66일만 투자하면 만날 수 있는 당신만의 기적"

한 아이가 있습니다. 그 아이의 아버지는 6.25 전쟁에서 한쪽 눈을 잃고 팔다리를 다친 장애 2급 국가 유공자였습니다. 하지만 아버지는 아이에게 반갑지 않은 이름이었죠. '병신의 아들'이라 놀리는 친구들 때문이었어요. 가난은 그림자처럼 아이를 둘러쌌습니다. 아버지는 아이에게 미안한 마음을 표현하고 싶을 때마다 술의 힘을 빌려 이렇게 말했습니다.

"아들아, 정말 미안하다."

고통에 시달리던 아이의 삶이 바뀐 건, 중학교 시절에 들었던 한 마디의 말 덕분입니다. 대체 어떤 말이었을까요? 당시 축농증을 심하게 앓던 아이가 치료를 받으려고 병원을 찾았는데 국가 유공자 의료복지카드를 내밀자 간호사들의 반응이 싸늘했습니다. 그건 병원에 돈이 되지 않았기 때문이죠. 아이는 결국 "다른 병원에 가보세요"라는 말만 들어야 했고, 동네의 몇몇 병원을 찾아갔지만 계속 문전박대를 당했습니다.

여러분의 아이가 이런 현실을 산다고 생각해보세요. 과연 제대로 된 어른으로 성장할 수 있을까요? 긍정적인 상상은 전혀 하지 못할 것입니다. 맞아요. 아이는 이런 아픈 순간을 겪으면서 사회가 가난한 이들에게 얼마나 비정한 곳인지 잘 알게 되었죠. 하지만 마지막으로 찾아간 병원에서 그 아이의 삶을 바꾼 기적이 일어났습니다. '이번에도 거부를 당하면 그냥 치료하지 말고 집에 돌아가자…'라고 생각하던 아이에게 의사는 따스한 목소리로 이렇게 말했죠.

"아버지가 자랑스럽겠구나!
열심히 공부해서,
꼭 훌륭한 사람이 되거라."

자, 이제 이 아이가 앞으로 어떤 어른이 될 것 같은가요? 앞에서는 온갖 부정적인 미래만이 그려졌지만, 단 한마디를 들었을 뿐인데도 이제는 전혀 다른 미래가 보이죠. 놀랍게도 그 아이는 대한민

국에 사는 사람이라면 거의 모두가 알고 있는 '이국종'이라는, 멋진 철학을 가진 의사로 성장했습니다. 그렇습니다. 누구라도 1분이면 충분히 할 수 있는 그 한마디가 어린아이의 삶을 기적처럼 바꾼 것입니다. 그가 지금 외치는 "환자는 돈 낸 만큼이 아니라, 아픈 만큼 치료받아야 한다"라는 삶의 원칙은 그때 이미 완성된 것입니다.

상상해보세요. 힘들고 아팠던, 어린 이국종이 내민 의료복지카드를 보며 "아버지가 자랑스럽겠구나!"라는 말을 한 의사가 없었다면, 그는 지금 우리가 아는 이국종이라는 사람이 될 수 없었을지도 모릅니다. 부끄럽다고 생각한 의료복지카드를 자랑스럽게 만들어준 지혜로운 그 한마디가 한 아이의 세계를 바꾸고 세상을 아름답게 한 것이지요. 여러분도 아이에게 충분히 그런 기적의 말을 할 수 있습니다.

"부모가 말 한마디만 달리해도,
아이의 삶은 경이롭게 바뀝니다."

모든 아이에게는 자신을 열렬히 사랑해주는 사람이
적어도 한 명은 있어야 하고,
그게 부모라면 아이에게는 큰 행복입니다.
한마디의 격려와 진실한 칭찬이

울고 있는 아이의 현실을 바꿀 수 있죠.
그렇게 아이의 미래는 영원히 달라집니다.
한 세상을 구할 수는 없지만,
한 아이는 구할 수 있습니다.
이 모든 기적이 1분이면 충분합니다.
부모의 한마디면 기적처럼 모든 게 바뀝니다.

하지만 현실은 생각처럼 쉽지 않습니다.

"왜 내 입에서는 늘 원하지 않는 말만 나오는 걸까?"

"아이에게 도움이 될 말을 어떻게 해야 할 수 있을까?"

"배우긴 배웠는데 왜 입에서는 나오지 않는 걸까?"

책을 읽을 때는 다 알 것 같고, 실제 상황에서 충분히 사용 가능할 것 같지만, 막상 상황이 닥치면 입이 떨어지지 않죠. 왜 생각과 현실은 이렇게 다른 걸까요? 그 이유는 습관이 되지 않아서 그렇습니다. 이제 희망과 절망을 반복하며 사는 삶에 안녕을 고하세요. 66일은 여러분 가정에 '기적'이라는 글자를 쓰기에 충분한 시간입니다.

그렇다면 왜 '66일'일까요? 많은 사람이 나쁜 습관은 매우 끊기 힘들다는 사실을 알고 있습니다. 하지만 그것보다 더 끊기 어려운 습관이 하나 있습니다. 그건 바로 '좋은 습관'입니다. 좋은 습관을 나의 것으로 만들면, 그게 좋다는 사실을 알고 있기 때문에 매우 끊기 어렵죠. 좋은 걸 굳이 버리는 사람은 없으니까요. 우리가 일단 좋은 습관을 만들면 나중에는 그 습관이 우리의 삶을 가장 아름다운 형태로 조각해나갈 것입니다. 그리고 이때 필요한 것이 바로 66일이라는 최소한의 기간입니다. 지난 20년 이상을 연구하며 지켜본 결과 뭐든 66일을 반복하면 그 사람을 바꿀 습관이 되기 때문이죠.

'인문학 대화법'은 왜 나온 걸까요? 지난 20년 이상 75권의 책을 내며 인문학을 연구한 끝에 제가 발견한 '인문학의 끝'은 바로 이것입니다.

'가장 소중한 사람에게 예쁘게 말하기'

습관이 될 수 있는 최소한의 기간인 66일과 '인문학 대화법'이라는 지적 장치가 하나로 결합이 되면 짐작할 수 없을 정도의 시너지 효과가 일어납니다. '66일 인문학 대화법'을 통해 공들인 부모의 말은 그대로 아이에게로 가서 아이만의 세계를 창조하게 도울 것입니다. 선순환은 여기에서 끝나지 않습니다. 아이가 성인이 된 후 부모에게 받았던 수많은 말을 다시 자신의 아이에게 들려주며 '명문가의 철학'이 탄생하게 되죠. 대대로 이어지며 아름다운 향과

빛을 전하는 것입니다. 이렇게 66일 공들인 부모의 말이 대대로 집안을 일으킬 지적인 힘이 됩니다. 다시 한번 기억해주세요. 66일은 여러분의 가정에 기적이 일어나기에 충분한 시간입니다.

이제 필요한 건 이것 하나입니다. 바로 "이번에는 정말 '부모의 말'을 제대로 배우고 습관으로 만들겠다"라는 굳은 결심이죠. 결심만 하면 기적을 만날 수 있습니다.

아무리 옳은 말을 해도
아이는 잘 듣지 않습니다.
대체 이유가 뭘까요?
아이는 '옳은 이야기를 하는 사람'이 아닌,
'사랑하는 사람의 말'을 듣기 때문입니다.

그래서 부모의 말은 아이가 살아갈
가장 근사한 지침과도 같습니다.
아무리 서럽게 혼나도
늘 곁에서 해맑게 웃으며
당신만을 바라보고 있기 때문이죠.

아이는 당신을 사랑합니다.
그건 곧 당신의 말이

아이의 삶을 완전히 바꿀,
기적의 도구라는 사실을 의미합니다.
당신이 결심만 하면 아이는 기적을 만납니다.

차례

PART 2

창의력을 확장해주는 대화 11일

PART 3

독서와 가까워지는 대화 11일

PART 4

주도성을 발견하고 만들어주는 대화 11일

PART 5

사회성이 쑥쑥 자라나는 대화 11일

PART 6

긍정적인 아이로 자라게 하는 대화 11일

체크리스트

나는 어떤 부모인가요?

부모와 아이 모두 마찬가지입니다. 어떤 사람은 하는 일마다 운이 깃들어 가장 이상적인 결과를 만들고, 반대로 어떤 사람은 하는 일마다 지독하게도 운이 따르지 않아 최악의 결과만 만들죠. 실력과 재능도 물론 중요하지만, 이런 결과를 내는 분기점은 다른 곳에 있습니다. 바로 '말'입니다. 아이의 삶도 그렇습니다. 같은 공간에서 같은 사람에게 배워도 아이에 따라서 차이가 생기죠. 아이 안에 녹아 있는, 그간 부모가 던졌던 말의 합이 곧 아이가 살아갈 인생의 모든 성장 가능성을 결정합니다. 그래서 부모는 더욱 자신의 현재 상황을 점검할 필요가 있습니다.

다음에 제시되는 30개의 문항을 보며, 자신에게 더 가까운 문장에 체크를 해봅시다. 그리고 두 문장 중 위의 문장에 체크를 한 문항의 개수를 세어보세요. 개수의 합이 총점입니다. 점수에 따라서 4단계로 수준을 나눴지만 가장 낮은 단계가 나와도 실망할 필요는 없습니다. 아이는 아직 어리고 여전히 변할 수 있는 시간은 충분하기 때문입니다. 서로가 서로를 포기하지 않는다면 무엇이든 가능합니다. 다시 한번 기억해주세요. 66일만 투자하면 모든 부모가 '기적'이라는 글자를 아이의 삶에서 만날 수 있습니다.

❶
- ☐ 아이에게 중요한 이야기를 할 때 바로 말하나요?
- ☐ 2번 이상 생각한 다음에 대화를 시작하나요?

❷
- ☐ '때문에'라는 표현을 자주 쓰나요?
- ☐ '덕분에'라는 표현을 자주 쓰나요?

❸
- ☐ "뭐 하는 거야! 빨리 이리와!"라고 말하나요?
- ☐ "뭘 보고 있니? 엄마가 거기로 갈게"라고 말하나요?

❹
- ☐ "하지 마라"라는 말을 자주 하나요?
- ☐ "한번 해보자"라고 자주 말하나요?

❺
- ☐ "넌 왜 항상 느리니?"라고 말하나요?
- ☐ "천천히 깊이 배우고 있구나"라고 말하나요?

6
- ☐ 새로운 걸 만든 아이에게 지적을 자주 하나요?
- ☐ 경탄의 표현을 자주 들려주나요?

7
- ☐ 나쁜 기분을 그대로 아이에게 전하나요?
- ☐ 최대한 기분을 좋게 만든 후에 아이와 대화하나요?

8
- ☐ 순간순간의 감정에 따라서 말이 바뀌나요?
- ☐ 생각한 대로 아이에게 말하고 있나요?

9
- ☐ '할 수 없다'는 말을 자주 하나요?
- ☐ '할 수 있는 이유'를 자주 알려주나요?

10
- ☐ 아이의 단점에 대해서 자주 말하나요?
- ☐ 장점을 찾아서 알려주나요?

11
- ☐ 하루에 3회 이상 아이에게 화를 내나요?
- ☐ 하루에 3회 이하 아이에게 화를 내나요?

12
- ☐ 아이가 실수를 했을 때 바로 지적을 하나요?
- ☐ 아이의 이유를 먼저 충분히 듣고 있나요?

13
- ☐ "빨리 해!"라고 자주 말하나요?
- ☐ "얼마든지 기다릴 수 있어"라고 말하나요?

14
- ☐ "말대꾸하지 말라고 했지!"라고 말하나요?
- ☐ "네 생각도 들려줄래?"라고 말하나요?

15
- ☐ 성급하게 나온 말에 대해서 그냥 넘어가나요?
- ☐ 아이에게 미안하다고 말하나요?

16
- ☐ 징징대는 행위에 집중하며 말하나요?
- ☐ 징징대는 이유에 집중하며 말하나요?

17
- ☐ 아이를 이기려고 말하나요?
- ☐ 아이를 이해하려고 말하나요?

18
- ☐ "점수 몇 점이야?"라는 평가의 말을 들려주나요?
- ☐ "네가 노력한 거 엄마가 다 알아"라는 과정의 말을 하나요?

19
- ☐ "안 돼!"라고만 말하나요?
- ☐ 안 되는 이유를 알려주나요?

20
- ☐ 현재 부모 입장의 말만 들려주나요?
- ☐ 내가 아이였을 때 듣고 싶었던 말을 들려주나요?

21
- ☐ "가서 책 좀 읽어!"라고 말하며 드라마를 보나요?
- ☐ 함께 책을 읽으며 말과 행동을 일치시키나요?

22
- ☐ 아이 앞에서 신세한탄을 하루에 1회 이상 하나요?
- ☐ 인생은 자기 하기 나름이라고 말하나요?

23
- ☐ 스스로 생각할 때 못되게 말하고 있나요?
- ☐ 내가 들어도 예쁘게 말하고 있나요?

24
- ☐ "그게 말이 되니?"라고 핀잔을 주나요?
- ☐ "이건 왜 그럴까?"라는 질문을 자주 던지나요?

25
- ☐ "휴, 네가 그럴 줄 알았다"라고 비난을 하나요?
- ☐ "어제보다 잘했어, 괜찮아"라고 희망을 주나요?

26
- ☐ 아이의 말을 중간에 자르나요?
- ☐ 언제나 끝까지 듣고 있나요?

27
- ☐ 버럭 화만 낼 때가 많나요?
- ☐ 섬세하게 표현해서 고칠 부분을 알려주나요?

28
- ☐ 아이에게 무조건 양보하라고 하나요?
- ☐ 스스로 판단해서 행동할 수 있게 말하나요?

29
- ☐ 아이에게 명령을 하고 있나요?
- ☐ 생각을 자극하는 질문을 하고 있나요?

30
- ☐ 아이의 행동과 태도를 바꾸려고 하나요?
- ☐ 아이가 스스로 자신을 바꿀 수 있게 하나요?

체크리스트 결과

0~7점 **근사한 말의 소유자**

불필요하게 화를 내거나 의미 없는 시간을 보내지 않는 부모군요. 이런 부모와 살면서 성장하는 건 아이에게 행운이죠. 부모의 말을 통해서 매일 근사한 지적 에너지를 공급받고 있으니까요.

8~14점 **말의 방향을 잡아야 하는 부모**

가끔 마음에도 없는 말을 해서 후회할 때가 있죠. 분노하고 화를 내는 자신의 현실은 알고 있지만, 왜 그러는지 이유는 아직 모르는 상태입니다. 욱할 때마다, 말의 길을 잃을 때마다 이 책을 참고해서 일상의 언어를 다듬으면 더 지혜롭게 아이를 키울 수 있습니다.

15~21점 **중요성은 알지만 방법을 모르는 부모**

딱 평균 수준입니다. 부모의 말은 아이가 살아갈 정원인데, 여기에 아이에게 안 좋은 영향을 주는 꽃이 조금 보이네요. 하지만 66일 동안 말하는 습관과 태도를 바꾼다면 가장 좋은 단계에 도달할 수 있습니다.

22~30점 **당장의 변화가 시급한 부모**

여기에 속한 부모는 현재 아이 성장에 큰 피해를 주고 있습니다. 분노조절장애가 의심되기도 합니다. 하지만 세상에 늦은 때란 없죠. 지금 당장 66일의 기적을 실천하며 변화를 시작하세요. 여러분의 말과 생각은 그대로 아이에게로 가서 아이의 세계를 완성한다는 사실을 기억해야 합니다.

PART 1

아이가 지성인으로 성장하는 대화 11일

1Day

일상을 깨달음의 무대로 만드는 3단계 지성의 질문법

아이와 함께 식당에서 밥을 먹고 있는데 아이의 실수로 컵이 바닥에 떨어져 깨졌다고 가정해봅시다. '와장창!' 하는 소리에 당황하며 난처한 표정으로 아이와 서로의 얼굴만 바라보고 있는데, 한 직원이 친절한 표정으로 다가와 먼저 당신과 아이가 괜찮은지 묻고, 순식간에 바닥을 깨끗하게 정리했지요. 그 모습이 마치 한 편의 예술 작품을 보는 것처럼 우아하고 군더더기가 하나도 없어서 아이와 당신은 경탄하며 지켜봤을 것입니다. 만약 이런 경험을 했다면 여기에서 아이에게 어떤 가치를 전할 수 있을까요? 놀랐다는 건 그 안에 어떤 가치가 있다는 증거입니다. 이 사실을 먼저 인지해야 합니다. 깨달음은 언제나 일상에 있기 때문입니다.

1. 아이의 모든 가능성을 허락한 '열린 질문'

이때 아이에게 자기만의 감상을 남기게 하려면 무엇을 어떻게 질문해야 할까요? 그 시작으로 가장 좋은 질문은 이것입니다.

"저 직원을 보면서 어떤 생각이 들었니?"

질문할 때는 '좋다' 혹은 '멋지다', '배워야 한다'라는 식의 개인적인 느낌을 말하지 않는 게 좋습니다. 그렇게 이야기를 한다면 질문이 아니죠. 결론을 정해두고 그걸 묻는 꼴이 되기 때문입니다. 모든 가능성을 허락한 질문을 던져야 아이도 생각의 날개를 활짝 펼칠 수 있습니다.

2. 아이의 생각을 자극하는 '펼친 질문'

"사실 저는 많이 당황했는데 직원분이 먼저 오셔서 이렇게 빠르게 치워주시니 감동했어요."

만약 아이가 이렇게 답한다면 또 무엇을 질문해야 할까요? 지금까지는 단순히 상황을 경험한 아이 자신의 느낌을 말하는 단계였고, 이때는 본격적으로 아이의 생각을 자극해야 합니다. 상황을 자신만의 눈으로 펼칠 수 있게 돕는 질문이 좋습니다.

"이 직원분이 다른 사람들과 다르게 너를 감동시킬 수 있었던 힘은 어디에 있을까?"

3. 일상에 적용할 원칙을 만드는 '깊은 질문'

그럼 아이는 이런 식으로 답할 것입니다.

"평소에 손님 마음을 이해하려고 노력했던 것 같아요. 그래서 서비스도 더 능숙하게 해낸 것 아닐까요?"

정말 근사한 답이지요? 만약 아무것도 묻지 않고 그냥 지나갔다면 이런 아이의 이야기는 듣지 못했을 것입니다. 그것이 바로 3단계 질문의 힘이지요. 이번에는 아이가 생각한 그 직원의 장점을 아이 삶에 적용하는 깊은 질문을 던질 차례입니다.

"너도 누군가의 마음을 이해하려고 노력한 적이 있니? 이 직원처럼 다른 이에게 감동을 줄 정도로 마음을 이해하려면 평소에 어떻게 해야 할까?"

그럼 이제 아이는 이렇게 답하게 될 것입니다.

"친구의 마음을 이해하려고 많이 노력해야 돼요. 아무래도 제가 계속 말하는 것보다는 친구의 말을 경청하는 게 좋을 것 같아요. 그래야 무엇을 생각하고 원하는지 알 수 있을 테니까요."

이렇게 아이는 단지 식사를 즐기러 떠난 장소에서 몇 마디 대화를 통해 '누군가를 이해하는 것'의 가치와 '경청'이 왜 중요한지 그 이유를 스스로 깨닫게 되었습니다. 억지로 가르치거나 교훈을 주기 위해 노력한 것이 아닌, 경험을 통해 이루어진 것이라 더욱 소중한 가치를 품고 있다고 생각할 수 있습니다. 물론 "굳이 그렇게

까지 해야 하나요?", "그냥 아무 생각 없이 밥만 먹으면 큰일이라도 나나요?"라고 말할 수도 있겠지요. 그것도 틀린 말은 아닙니다. 하지만 일상을 쉽게 지나치지 말아야 하는 이유는, 학교나 학원에서 정말 힘들게 배운 모든 지식을 가장 근사하게 적용하고 실천할 수 있는 곳이 '일상'이기 때문입니다. 모든 일상은 아이가 배운 지식을 빛낼 수 있는 가장 훌륭한 무대입니다. 당신은 언제든 그 멋진 기회를 아이에게 제공할 수 있습니다.

위대한 지성인들이 언어 교육을 위해 추천한 방법

언어를 최고 수준으로 다루며 세상을 호령했던 세계적인 지성이 아이들의 언어 교육을 위해 추천한 방법은 무엇일까요? 위대한 고전을 읽으라는 조언이었을까요? 방법은 우리가 짐작할 수 없는 것이었습니다. 바로 좋은 음악을 들려주라는 조언이었지요. 지성의 끝에 도달하면 우리는 비로소 음악이 가장 완벽한 형태의 예술이라는 사실을 깨닫게 됩니다. 그 가치와 생산성을 경험하고 싶다면 실제로 위대한 지성이 남긴 말을 아이와 함께 낭독하고 필사하며 그 기운을 느껴보는 시간을 가지면 더욱 좋습니다.

"음악은 모든 예술 중 가장 높은 곳에 있습니다."

–독일의 대문호 괴테

⇒ ______________________________

"언어가 끝나는 곳에서 음악은 시작됩니다."

–오스트리아 음악가 모차르트

⇒ ______________________________

"음악과 리듬은 영혼의 비밀 장소로 파고듭니다."

–고대 그리스 철학자 플라톤

⇒ ______________________________

인류를 대표하는 대문호와 음악가, 그리고 철학자가 남긴 말입니다. 느낌이 어떤가요? 음악은 인간이 느끼는 모든 감정을 가장 진지하게 표현한 예술입니다. 그래서 수많은 음표와 음악의 구조는 마음의 언어를 전달하죠. 우리가 클래식을 들려주는 게 아이 교육에 좋다고 말하는 이유가 바로 여기에 있어요. 완벽하게 짜인, 게다가 균형까지 갖춘 근사한 형태를 귀를 통해 즐기며, 설명할 수는 없지만 이해할 수 있는 완벽한 구조와 조화를 내면에 담을 수 있기 때문입니다.

요즘 유행하는 자극적이고 감각적인 음악도 좋지만, 거기에만 취하면 다른 음악을 듣지 않게 된다는 부작용이 생길 수 있어요. 반면에 클래식은 중독성이 강하지 않기 때문에 초심자나 아이들에게 의식적으로 들려줄 필요가 있습니다. 아이의 언어 교육을 위해 아침과 저녁에 들려주면 좋은 추천 클래식 10곡을 소개합니다.

① 클로드 아실 드뷔시 – 아라베스크 1번

② 루트비히 판 베토벤 – 월광소나타 3악장

③ 프란츠 요제프 하이든 – 트럼펫 협주곡

④ 프란츠 페터 슈베르트 – 바이올린 소나타 D. 574

⑤ 리하르트 바그너 – 트리스탄과 이졸데

⑥ 볼프강 아마데우스 모차르트 – 교향곡 40번 1악장

⑦ 로베르트 알렉산더 슈만 – 트로이메라이

⑧ 요한 제바스티안 바흐 – 관현악 모음곡 제3번 D장조 제2악장 아리아

⑨ 프레데리크 쇼팽 – 환상즉흥곡

⑩ 프란츠 리스트 – 사랑의 꿈

세계적인 과학잡지 〈네이처〉에서, 모차르트의 음악을 듣는 것만으로도 아이의 지능지수가 순간적으로 뛰어오른다는 사실을 입증하는 논문이 실린 적이 있습니다. 여기에서 우리는 무엇을 발견할

수 있을까요? 단순히 좋은 클래식 음악을 듣는 것만으로도 우리 아이들의 생각을 자극할 수 있으며, 공부로는 도달할 수 없는 깨달음과 지혜의 영역까지 도달할 수 있다는 사실을 의미합니다.

물론 세상에는 다양한 장르의 음악이 있으며, 개인에 따라 좋아하는 음악도 모두 다릅니다. 하지만 앞서 추천한 10곡을 먼저 감상하며 클래식 음악에 익숙해진다면, 이제는 스스로 좋은 음악을 선택해서 즐길 수 있는 안목을 가질 수 있게 될 것입니다. 다시 강조하지만, 아이에게 언어 교육을 하고 싶다면 먼저 좋은 음악을 자주 들려주세요. 앞서 소개한 괴테와 모차르트의 말처럼 최고의 음악은 최고의 언어이기 때문입니다.

3Day

'1일 1칭찬'이 아이의 내면과 지성의 깊이를 바꿉니다

위의 제목만 보면 아마 이렇게 생각했을 가능성이 높습니다.

'부모가 아이를 칭찬하는 게 중요하다는 말이지. 그런데 그걸 누가 모르나?'

하지만 제가 말하려는 내용은 전혀 그런 것이 아닙니다. 오히려 그 반대라고 말할 수 있어요. 아이를 칭찬하는 것이 아니라, 아이가 누군가를 혹은 무언가를 칭찬하게 해야 한다는 말이기 때문입니다. 정말 중요한 부분입니다.

칭찬이란 무엇일까요? 주변을 보면 늘 부정적인 생각만 하고 비난만 하는 사람이 있지요. 그들에게 아무리 칭찬을 요구해도 그게 현실로 이루어지지 않는 이유가 무엇일까요? 이유는 간단해요. 그들에게는 누군가의 무엇을 칭찬할 능력이 없기 때문입니다. 칭찬은 아무나 할 수 있는 행위가 아닙니다. 매우 수준 높은 지적 행위라고 볼 수 있어요.

한번 생각해보죠. 칭찬을 하려면 어떻게 해야 하나요? 바로 칭찬할 지점을 발견해야 하죠. 그게 핵심입니다. 먼저 누군가의 어떤 행동과 말을 관찰하면서 칭찬할 지점을 발견할 안목이 있어야 하고, 다음으로는 자신이 느낀 감정을 언어로 표현할 수 있어야 합니다. 안목과 언어 지능이 뛰어난 사람만이 누군가의 무언가를 칭찬할 수 있다는 말입니다. 누구나 쉽게 할 수 있는 게 아닌 거죠.

그래서 아이가 칭찬하는 것이 탄탄한 내면과 깊은 지성을 기르는 데 좋다고 말하는 것입니다. 상대의 약점과 부정적인 부분, 비난할 지점은 굳이 공부하거나 관찰하지 않아도 알 수 있습니다. 그러나 장점과 긍정적인 부분, 경탄을 부르는 지점은 자세히 관찰해야 만날 수 있고 섬세하게 표현해야 주변에 전달할 수 있죠. 물론 처음부터 자유자재로 칭찬하는 아이로 만들 수는 없고, 또 그럴 필요도 없습니다. 다음 3단계 과정을 통과하면 자연스럽게 타인을 칭찬할 줄 아는 아이로 성장할 수 있으니까요.

1. 하루 중 한 지점을 관찰하기

이런 식의 질문으로 아이가 일상에서 멈출 수 있게 해주세요. 한 지점을 찾아야 거기에서 무언가를 생각할 수 있습니다.

"오늘 가장 인상 깊었던 일은 뭐야?"

"오늘 가장 기억에 남았던 순간이 언제야?"

"혹시 잊히지 않는 말이 있니?"

2. 좋은 이유를 찾아내기

단점보다는 장점을 찾게 해주세요. 다음에 제시한 질문이 장점을 찾는 데 도움이 될 수 있습니다. 장점을 찾으려는 사람은 반드시 깊은 생각을 하게 됩니다. 그 가치와 과정을 아이가 스스로 깨닫게 해주세요.

"왜 그렇게 생각했니?"

"그렇게 생각한 이유가 뭐야?"

"그 말에서 어떤 좋은 느낌이 전해졌어?"

3. 적절한 언어로 감정을 설명하기

장점과 좋은 부분을 찾았다면 이제 그걸 주변 사람들에게 나누기 위해 언어로 가장 선명하게 표현할 수 있어야 합니다. 이때 다음에 제시한 질문이 도움이 되죠.

"그때 뭘 느꼈어?"

"그 순간 무슨 생각이 들었어?"

"너도 누군가에게 그 말을 하면 기분이 어떨까?"

물론 아이와의 대화와 일상이 이렇게 3단계로 정확히 나뉘어서 구분되지는 않습니다. 우리는 기계나 프로그램이 아닌 살아있는 인간이니까요. 하지만 그렇다고 좋은 것을 굳이 하지 않을 필요도 없죠. 바로 이 3단계 대화법을 통해 아이는 무언가를 선명하게 칭찬할 수 있는 기초 체력을 기를 수 있습니다. 가장 중요한 사실은 어떤 상황이나 그 안에 있는 사람을 볼 때, 더 좋은 것과 경탄할 수 있는 지점을 발견하는 사람으로 성장한다는 것입니다.

불평과 불만이 사라지고, 투정하는 습관도 버릴 수 있으며, 하나를 배워도 스스로 짐작하고 관찰해서 열을 깨닫는 일상을 보내게 되죠. 아이의 인생을 칭찬하는 삶 이전과 이후로 나눌 수 있을 만큼 큰 변화를 맞이합니다. 다시 기억해주세요. 우리 아이들이 누군가의 칭찬을 받는 것도 좋은 일이지만, 그보다 아름다운 일은 칭찬할 수 있는 사람이 되는 것입니다.

"우리는 자신의 수준을 뛰어넘는 것에 대해서
칭찬하거나 언어로 표현할 수 없습니다.
그 사람이 칭찬하는 것이
그 사람의 수준을 말해줍니다."

4Day

아이를 논리적인 지성인으로 키우는 3단계 질문

무언가를 배우며 끝없이 성장하는 논리적인 지성인으로 자라기 위해서는 스스로 무언가를 선택해서 오랫동안 사색하고, 이를 통해 자기만의 방법과 원칙을 세워보는 과정이 필요합니다. 자녀교육의 끝은 결국 독립인데, 논리적인 지성인이 된다는 것은 가장 근사한 독립을 하게 된다는 사실을 의미하죠.

자, 이제 본격적으로 그 방법을 알아보죠. 다음 3단계 질문을 통해 아이들은 스스로 무언가를 선택할 수 있다는 기쁨을 알게 되며 자신의 생각을 믿고 지지하게 됩니다. 또한, 자신의 선택이 때로는 원하지 않는 나쁜 결과로 끝날 수 있다는 사실도 깨닫게 되며 더 좋은 선택을 위한 생각까지도 하게 될 것입니다.

1. 스스로 무언가를 선택하게 하는 질문

처음부터 어려운 질문은 아이가 선택 자체를 하지 않게 만듭니다. 부모의 생각과는 달리 이런 질문은 아이에게는 어렵습니다.

"오늘 뭐 입을래?"

선택지가 너무 넓으면 부담을 느낀 아이가 오히려 생각 자체를 하지 않게 되죠. 처음에는 아이가 최대한 간단하게 선택할 수 있어야 합니다. 범위를 좁혀서 이렇게 질문해볼까요?

"파란색 셔츠 입을래? 아니면 초록색 셔츠 입을래?"

2. 자신이 선택한 것의 가치를 파악할 수 있는 질문

가치를 파악하는 과정이 중요한 이유는 가치를 알아야 아이가 자신의 선택에 확신을 가질 수 있으며, 확신을 가져야 책임감 있게 하나의 과정을 완성할 수 있기 때문입니다.

"후회하지 않겠어?"

이런 식의 질문은 좋지 않아요. 아이는 분명 자신만의 기준으로 가치를 부여한 선택을 했는데, 부모가 자신의 기준으로 다른 선택을 강요하면 아이는 다시 생각하지 않게 됩니다. 다음과 같은 질문을 통해 아이가 자신의 선택에 가치를 부여할 수 있게 해주세요.

"왜 그 셔츠가 마음에 들었어?"

3. 더 나은 선택을 사색하게 하는 질문

우리는 언제나 실수할 수 있죠. 그렇기에 좀 더 나은 선택을 위해 반성할 수 있어야 합니다. 아이에게 이 부분은 매우 중요해요. 자신의 의견만 고집하지 않고, 주변의 조언과 정보를 적절히 받아들이는 삶의 태도를 가질 수 있으니까요.

"됐어, 그게 그거야. 아무거나 선택해. 뭐 할래?"

이런 식의 질문은 최악입니다. 부모가 나서서 아이의 생각을 가로막는 것과 같습니다. 더 나은 선택을 할 수 있도록 열린 질문을 해주세요.

"다음에는 어떤 옷을 입으면 좋을 것 같아?"

3단계 질문을 하는 동안 부모가 반드시 명심해야 할 사항이 있어요. 아이가 어떤 선택을 하든 그 자체를 믿고 지지하는 것입니다. "그건 아닌 것 같아", "너, 후회하지 않을 자신 있어?", "나라면 이걸 고를 것 같은데"라는 식의 말은 좋지 않습니다. 확신의 눈빛으로 아이를 바라봐주세요. "좋은 선택이야!"라고 말하는 거죠. 그래야 아이가 스스로 선택한 것에서 무언가를 경험하고, 결과까지 책임지는 과정을 거칠 수 있으니까요.

아이들의 일상은 선택의 연속입니다. 식사할 때, 옷 입을 때, 외

출할 때 늘 무언가를 선택해야 하죠. 다시 말해서 언제나 쉽게 3단계 질문법을 활용할 수 있다는 뜻입니다. 자신의 일상을 활용하는 아이와 그렇지 못한 아이의 미래는 다를 수밖에 없습니다. 일상이 곧 가장 근사한 책과 강연이 되는 하루를 살게 된다면 논리적인 지성인이 되지 않을 수 없겠죠.

5Day

“왜 나만 조금 주는 거야!”라는 아이의 불평에 대응하기

아이를 둔 부모라면, 특히 아이가 둘 이상인 부모라면 더욱 공감하는 문제일 것입니다. “그건 공평하지 않아!” 이 문제를 해결하지 못하면 매일 과자를 나눠줄 때마다, 빵을 잘라줄 때마다, 기념일에 선물을 줄 때마다 고통을 겪을 수밖에 없습니다. 이런 아이의 투정에 일일이 대응해야 하기 때문이죠.

“왜 나만 이렇게 조금 주는 거야!”

“형이 나보다 많은 것 같은데!”

“오빠랑 나랑 왜 차이가 나는 거야!”

아이가 성인이 될 때까지 케이크 조각을 1cm 단위로 구분하고, 시리얼 개수를 하나하나 헤아리면서 나누어 주고 싶지 않다면, ‘공평하다'라는 말이 '똑같다'라는 의미가 아니라는 사실을 아이들에게 알려주는 게 좋습니다. 나이에 따라서 혹은 상황에 따라서 필요한 것은 달라지기 때문입니다.

그러나 같은 말이라도 이런 식의 대응은 오히려 아이들의 반발을 일으키는 동시에 매우 나쁜 영향을 미칩니다.

"형이니까 네가 양보해야지!"

"오빠가 더 크니까 많이 먹어야지!"

"네가 좀 너그럽게 이해하는 게 어때?"

"아무것도 아닌 걸로 왜 난리야?"

"다들 조용히 해! 시끄러워 죽겠네. 그냥 아무도 먹지 말자. 다 방으로 들어가!"

단순히 나이가 많으니까 양보하고, 덩치가 크니까 더 많이 먹고, 기분이 나쁘니까 모든 것을 멈추게 하는 것은 결코 좋은 방법이 아닙니다. 평생 그렇게 살아갈 수는 없기 때문입니다. 게다가 얼마든지 반대로 생각할 수도 있죠. 덩치 큰 아이가 더 먹어야 할 수도 있겠지만, 오히려 작은 아이가 커지기 위해 더 먹어야 할 수도 있으니까요. 그런 부분을 아이들이 깨닫고 공격한다면 그땐 해결할 방법이 없지요.

1cm 혹은 1mm를 정밀하게 분석해서 정확하게 나누려면 한도 끝도 없습니다. 공평으로 시작한 문제는 그 안에서 결국 분쟁과 갈

등이 나올 수밖에 없죠. 가장 좋은 방법은 아이들에게 이 한 줄의 의미를 생생하게 전하는 것입니다.

"지금 당장은 공평하게 느껴지지 않을 수 있지만, 결국에는 모두가 똑같아지는 거야."

일상에서 이런 식의 이야기를 자주 들려주면 좋습니다.

"상황은 늘 조금씩 달라서 조금 적게 받을 수도 있고, 조금 많이 받을 수도 있어."

"늘 손해만 보는 건 아니야. 상황은 언제나 바뀌는 거니까."

"네 마음 다 이해한단다. 순간적으로는 기분이 나쁠 수도 있어. 하지만 길게 바라보면 결국 다 비슷하지."

"지금은 그렇게 느끼지 못할 수도 있지만, 결국 너는 필요한 것들을 다 갖게 될 거야."

'공평'이라는 카드를 제시하며 나오는 아이의 불평은 끝이 없습니다. 그럴 때마다 부모는 짜증도 나고 힘이 들죠. 앞서 언급한 것처럼 공평이 똑같다는 의미는 아니라는 사실을 알려주면서, 언젠가는 모두가 필요한 것을 다 얻을 수 있을 거라는 믿음을 주는 게 좋습니다. 그걸 알게 된 아이는 이전과는 다른 시각으로 상황을 해석하게 됩니다.

❣ "더 많은 것을 보여주는 것도 좋지만,
더 다양한 시각을 갖는 게 핵심입니다.
시각이 바뀌면 세상이 바뀝니다.
그 놀라운 기적을 아이에게 선물해주세요."

6Day

시기와 질투가 많은 아이를 지성인으로 변화시키는 말

다른 아이들보다 시기와 질투가 많다는 사실은 무엇을 의미할까요? 아이에게 나타나는 모든 현재의 문제는 반드시 과거의 어느 순간 저지른 잘못에 있습니다. 늘 현재의 문제를 보며 과거를 함께 생각해야 문제를 해결할 좋은 방법을 찾을 수 있죠. 시기와 질투가 많다는 것은 아이에게 이것이 부족하다는 증거입니다.

'사람과 사물의 가치를 발견하는 힘'

친구가 좋은 성적을 받을 수 있었던 이유가 하루에 10시간씩 공부하며 노력했기 때문이라는 사실을, 노래를 잘하는 이유가 반복

된 연습에 있다는 사실을 모르기 때문에 그런 친구를 시기하고 질투하는 거죠. 그래서 뭐든 본질을 아는 사람의 삶에는 시기와 질투가 존재하지 않습니다. 이유를 알기 때문에 굳이 분노할 필요가 없는 거죠. 아이가 무언가를 질투할 때 혼내지 말고, '아, 내 아이가 그 안에 무엇이 있는지 아직 몰라서 질투를 하는 거구나' 하는 생각으로 이해하고 설명하려고 노력하는 게 좋습니다.

그렇다면 어떻게 해야 그 가치를 아이에게 알려줄 수 있을까요? 우리가 어제 본 태양과 오늘 본 태양은 같지 않다는 사실까지 인지하는 게 궁극적인 목표입니다. 세상에 당연한 건 하나도 없고, 매 순간 달라지고 있다는 사실을 자각하며 아이들은 시기심과 질투에서 벗어나 지성의 공간으로 진입하게 됩니다. 아래에 소개한 글을 아이와 함께 읽고 생각을 나누어보세요.

"같은 말도 말하는 사람에 따라서 다르게 들리는 이유가 뭘까?"

"산책하며 여름에 봤던 풍경이 가을이 되니 어떻게 바뀐 것 같아?"

"어떤 노래를 가장 좋아하니? 그 노래가 다른 노래랑 다른 점은 뭘까?"

"당당하게 이야기를 하던 사람도 좋아하는 사람 앞에서 떠는 이유는 뭘까?"

"평소에 네가 먹던 밥이랑 오늘 먹는 밥은 뭐가 다른 것 같아?"
"작년에 시험 볼 때랑 이번 시험이랑 뭐가 달라진 것 같니?"
"분명 같은 빵과 라면인데 놀러가서 먹으면 왜 더 맛있을까?"

당연하다고 생각한 것들에 질문을 던지며, 당연하지 않은 이유와 몰랐던 것을 발견하는 과정에서 아이가 이해할 수 있는 삶의 범위는 상상할 수 없을 정도로 넓어집니다. 그 근사한 삶은 부모가 이러한 질문을 통해 그저 허락해주면 만날 수 있는 준비된 기적입니다. 오늘부터 그 삶을 아이에게 선물해주세요.

7Day

기품과 지성을 선물해주고 싶다면 이런 말은 쓰지 마세요

아이의 자존감을 파괴하고, 스스로 행동하지 않게 만들어서 무엇도 제대로 경험하지 못하게 하고, 견딜 수 없는 압력으로 창의력을 망치고, 모험심과 상상력까지 빼앗아 재능을 발휘하지 못하게 만드는 부모의 대표적인 18가지 말을 소개합니다. 제가 이 말을 소개하는 이유는 간단해요.

대대로 명문가의 철학을 유지하며, 비록 가세가 기울어도 삶은 흔들리지 않고 고귀한 정신을 유지하는 가족이 있습니다. 그 중심에는 바로 '부모의 말'이라는 뿌리가 있습니다. 어떤 일이 생겨도 세상과 다른 사람의 소리에 연연하지 않기 때문에 흔들리지 않고, 내면이 이끄는 소리에 충실하며 자신을 잃지 않을 수 있죠. 지금부터 소개하는 18가지 말을 여러분의 삶에서 지워주세요. 우리는 나쁜 것을 하지 않음으로써 저절로 좋은 삶에 진입할 수 있습니다. 아이에게 부정적인 영향을 주는 말을 하지 않으면, 자연스레 좋은 말만 남기에 그것을 아이에게 전할 수 있게 됩니다.

① "정말 창피해서 못 살겠네. 친구들이 알면 같이 안 놀아주겠다!"
② "왜 넌 되는 일이 하나도 없니?"
③ "네가 집을 어지럽힌 걸 엄마가 알면 엄청 혼날 것 같은데?"
④ "넌 시험 걱정은 아예 안 하니?"
⑤ "어디에서 자꾸 말대답이야! 이유는 묻지 말고, 아빠가 하라면 해!"
⑥ "평소에 너 하는 걸 보니 이번에도 친구보다 못하겠네."
⑦ "넌 온종일 게임만 하려고 태어났니?"
⑧ "변명은 그만두고 현실을 인정해. 내가 보기에 너는 최선을 다하지 않았어!"
⑨ "너 하는 걸 보니 정말 한심하구나. 그래, 내가 무슨 자식 복이 있겠니!"
⑩ "엄마가 몇 번을 말해! 큰 소리로 씩씩하게 인사하라고!"
⑪ "좋은 대학에 가야 돈을 많이 벌지. 다 너 좋으라고 하는 이야기인데 왜 난리야?"
⑫ "남의 실수를 보며 비웃는 건 안 좋아. 너도 예전에 얼마나 실수가

많았는지 알지?"

⑬ "그 정도에 만족하지 마. 네 나이에는 그 정도는 해야지!"

⑭ "넌 종일 밥 먹니? 빨리빨리 신속하게 움직이자, 좀!"

⑮ "꾸부정하게 걷지 말고, 허리 쭉 펴고 당당하게 걸어가라고!"

⑯ "몰래 스마트폰 할 생각은 안 하는 게 좋아, 늘 엄마가 널 지켜보고 있으니까!"

⑰ "내가 정말 못 살겠네. 네 물건인데 또 잃어버렸어?"

⑱ "그렇게 공부해서 나중에 어떻게 할래? 우리가 대체 너에게 못 해 준 게 뭐야!"

위에 나열한 18개의 말은 아이를 불안하게 하며, 주변의 눈치를 보게 만들고, 부모가 만든 가공의 세계에 갇히게 하며, 결국에는 아이가 가진 자신감까지 잃게 만듭니다. '부모라면 이런 말 정도는 할 수 있는 거지'라고 생각할 수도 있지만, 부작용은 꽤 심각합니다. 아이에게 기품과 지성이 흐르는 삶은 기대할 수 없으며, 동시에 아이는 스스로 자신의 미래를 전혀 기대하지 않게 될 테니까요.

중간중간 다른 생각이 드는 말도 있을 것입니다. 예를 들어 ⑫번 "남들 실수를 보며 비웃는 건 안 좋아. 너도 예전에 얼마나 실수가 많았는지 알지?"를 보고 '이건 교육적으로 좋은 메시지 아닌가?'라고 생각할 수도 있죠. 하지만 같은 의미도 이렇게 바꾸면 뉘앙스가 완전히 달라집니다.

"엄마와 아빠도 실수를 통해서 성장했지. 뭐든 실수를 통해 나아지는 거니까. 우리 저 친구를 비웃지 말고 응원해주자."

어떤가요? 아이의 과거를 들추며 비판하는 대신, 부모 자신의 예를 듦으로써 아이에게 실수의 가치를 전함과 동시에 힘든 친구를 격려하는 방식까지 알려준 셈이죠. 앞서 언급한 18가지 말은 가고자 하는 방향은 올바르더라도 수정이 필요한 표현들입니다. 그래서 이 말들을 사용하지 않는 것만으로도 좋은 말을 쓸 수 있다고 이야기한 것이죠. 어렵지 않습니다. 나쁜 말만 쓰지 않으면 되니까요.

기품과 지성을 선물해주고 싶다면 이렇게 말해주세요

이번에는 현실에서 바로 적용이 가능한 이야기를 전하려고 합니다. 앞서 일상의 다양한 곳에서 적절하게 활용할 수 있는 여러 사례를 제시했지만, 이번에는 기품과 지성에 관한 내용만 추려 여러분이 아이들에게 들려주면 좋을 내용을 소개합니다.

"정말 창피해서 못 살겠네. 친구들이 알면 같이 안 놀아주겠다!"

→ "나는 늘 너의 생각과 행동을 존중해. 너에게는 그런 가치가 충분하니까."

"왜 넌 되는 일이 하나도 없니?"

→ "뭐든 잘 되려면 시간이 필요하지. 엄마는 꾸준히 노력하는 네가 자랑스러워."

"네가 집을 어지럽힌 걸 엄마가 알면 엄청 혼날 것 같은데?"

→ "엄마가 돌아오기 전에 정리를 하면 우리 모두 행복해질 것 같아."

"넌 시험 걱정은 아예 안 하니?"

→ "시험 준비는 잘 되고 있지? 늘 미리 준비하면 걱정이 없단다."

"어디에서 자꾸 말대답이야! 이유는 묻지 말고, 아빠가 하라면 해!"

→ "네 생각은 아빠와 많이 다르구나. 아빠에게 이유를 설명해줄 수 있겠니?"

"평소에 너 하는 걸 보니 이번에도 친구보다 못하겠네."

→ "모든 기준은 너 자신에게 있지. 네가 스스로 만족하면 나도 만족한단다."

"넌 온종일 게임만 하려고 태어났니?"

→ "게임을 하는 것도 좋아. 하지만 그 시간에 다른 것도 할 수 있다는

사실을 기억하자."

"변명은 그만두고 현실을 인정해. 내가 보기에 너는 최선을 다하지 않았어!"

→ "최선은 남이 판단할 수 없는 거지. 네가 만들 세상을 엄마는 언제나 기대해."

"너 하는 걸 보니 정말 한심하다. 그래, 내가 무슨 자식 복이 있겠니!"

→ "정해진 운명이란 없어. 네가 스스로 잘 해낼 거라고 믿어."

"엄마가 몇 번을 말해! 큰 소리로 씩씩하게 인사하라고!"

→ "인사는 좋은 마음을 전하려고 하는 거야. 이왕이면 상대가 그걸 알 수 있게 크게하는 게 좋지."

"좋은 대학에 가야 돈을 많이 벌지. 다 너 좋으라고 하는 이야기인데 왜 난리야?"

→ "네가 좋아하는 걸 하면 엄마도 행복해. 좋아하는 걸 해야 공부할 마음도 생기고, 배운 것들이 모두 너만의 것이 되니까."

"남의 실수를 보며 비웃는 건 안 좋아. 너도 예전에 얼마나 실수가 많았는지 알지?"

→ "엄마와 아빠도 실수를 통해서 성장했지. 뭐든 실수를 통해 나아지는 거니까, 우리 저 친구를 비웃지 말고 응원해주자."

"그 정도에 만족하지 마. 네 나이에는 그 정도는 해야지!"

→ "계단을 오르듯 모든 일에는 수준이 있단다. 네가 다른 수준을 만나는 행복을 즐기면 좋겠어."

"넌 종일 밥 먹니? 빨리빨리 신속하게 움직이자, 좀!"

→ "밥을 오랫동안 꼭꼭 씹어 먹는 것도 좋아. 하지만 때로는 시간을 보며 움직여야 하지."

"꾸부정하게 걷지 말고, 허리 쭉 펴고 당당하게 걸어가라고!"

→ "세상은 각도에 따라서 다른 걸 보여준단다. 네가 허리를 조금 더 펴고 걸어가면 지금까지 못 본 것들이 보일 거야."

"몰래 스마트폰 할 생각은 안 하는 게 좋아, 늘 엄마가 널 지켜보고 있으니까!"

→ "엄마는 네가 거짓을 말하지 않을 거라고 믿어. 거짓말은 너와 어울리는 단어가 아니니까."

"내가 정말 못 살겠네. 네 물건인데 또 잃어버렸어?"

→ "소중한 것들은 늘 도망갈 준비를 하고 있어. 소중한 물건을 지키려면 더 많은 애정이 필요해."

"그렇게 공부해서 나중에 어떻게 할래? 우리가 대체 너에게 못 해준 게 뭐야!"

→ "공부할 때 가장 중요한 건 '때'야. 네가 공부하기 가장 좋은 때를 놓치지 않기를 바란단다."

같은 의미도 이렇게 바꾸면 뉘앙스가 완전히 달라지죠. 우리, 좋은 것만 보고 전하며 살기로 해요. 그 노력은 아이에게로 가서 기품과 지성이라는 꽃으로 피게 되니까요. 잊지 말아요.

"아이는 부모의 말이라는 바람에
온종일 흔들리는 갈대입니다.
부모의 말이 세상에서 가장 따뜻한 바람이라면,
아이의 삶은 더욱 단단해질 것입니다."

마음
돌아보기

새로운 대화법으로 아이와 이야기를 나눈 후 느낀 점을 써볼까요?

9Day

5세에서 10세 사이 아이들의 지성을 키우는 7가지 성장의 말

아이가 커가면서 바뀔 수 있지만 사실상 한 사람의 모든 지적 에너지는 10세 이하에 완성됩니다. 10세 이전에 들었던 부모의 말을 통해서 아이는 평생을 살아갈 지적 자본을 내면에 담게 되죠. 우리가 중요하게 생각해서 더 가지려고 분투하는 사회성, 정서, 상상력, 문해력 등이 대부분 이 시기에 결정됩니다.

그래서 이 시절 아이에게 들려주는 부모의 말은 매우 섬세하게 세공한 다이아몬드처럼 제각각의 색으로 빛나야 합니다. 다양한 상황에서 수많은 말이 필요하지만, 그 중심이 되는 '7가지 성장의 말'을 소개합니다.

1. 다정하다

다정하다는 말은 사람과 사물에 조금 더 다가갈 수 있게 해줍니다. 아이의 관찰력과 집중력을 높여줄 수 있는 표현이죠. 이런 말을 아이에게 들려주면 좋습니다.

"다정하게 말하니 참 좋다."

"새가 다정하게 앉아 있네."

2. 자랑스럽다

자랑스럽다는 말을 들으면 아이는 자신의 가치를 깨닫게 됩니다. 자신의 말과 행동 중 어느 부분에 가치가 있는지 알게 되죠. 아이 성장에 꼭 필요한 소중한 표현입니다.

"오늘 네 행동 자랑스러웠어."

"너는 엄마, 아빠에게 자랑스러운 존재야."

3. 근사하다

듣는 순간 바로 기분이 좋아지는 말이죠. 중요한 건 말하는 부모 역시도 좋은 기분이 든다는 사실입니다. 좋은 기분이 결국 인생을 대하는 좋은 태도가 되죠. 그래서 꼭 필요한 표현입니다.

"와, 근사한 걸 만들었네."

"지금 그 표현 참 근사하다."

4. 기쁘다

기쁘다는 표현은 아이가 섬세한 표현력을 기를 수 있게 해줍니다. 무엇이 기쁜 일인지 스스로 찾고 언어로 표현을 해야 하니 표현력을 키울 수 있게 되지요.

"맛있게 먹어주니 기쁘네."

"오늘 하루도 기쁜 소식이 가득할 거야."

5. 놀랍다

경탄은 인간이 자신의 지성을 세상에 전할 수 있는 최고의 지적 수단입니다. 우리는 스스로 아는 선에서만 경탄할 수 있기 때문이죠. 이런 식의 말을 통해서 아이가 일상에서 자주 놀라움을 경험할 수 있게 해주세요.

"이거 정말 놀랍지 않니?"

"세상에는 놀라운 일이 참 많아."

6. 선물이다

바라만 봐도 예쁜 말이 바로 선물이죠. 인문학의 끝은 소중한 사람에게 예쁜 말을 들려주는 일입니다. 정말로 어려운 일이기 때문이죠. 인문학의 가치를 어릴 때부터 실감할 수 있게, 늘 선물처럼 예쁜 말을 자주 전해주세요.

"오늘 하루도 예쁜 선물이야."

"선물처럼 반가운 말만 하자."

7. 기대된다

아이가 스스로 자신의 내일을 준비하며 무언가를 꿈꿀 수 있게 돕는 말입니다. 세상에는 기분 좋은 부담감도 있어요. '기대된다'라는 말이 바로 그 역할을 하죠. 이런 식의 말을 통해서 부모가 늘 자신의 말과 행동을 기대하고 있다는 사실을 아는 순간, 아이는 자신의 내일을 아름답게 만들어나가게 됩니다.

"네가 뭘 하든 기대하고 있어."

"그 결과가 기대되네."

어떤가요? 늘 강조하지만 어렵지 않습니다. 습관이 되지 않아서 멀게 느껴지는 것이지, 결코 어려운 일이 아닙니다. 5세에서 10세 사이의 아이들은 하루가 다르게 성장합니다. 두뇌와 내면의 성장은 더욱 빠르지요. 그만큼 중요한 시기이니 꼭 기억하고 습관이 될 수 있게 반복해주세요.

10Day

매일 들려주는 부모의 말이 아이 삶의 수준을 결정한다

이번에는 인문학 대화의 기본 지식과 원칙을 전할 예정입니다. 총 8가지 인문학 질문법을 찬찬히 읽으며 아이의 내면에 담아주면 됩니다.

본격적으로 내용에 들어가기에 앞서 이런 상상을 해보죠. 아이가 집에 들어와 가장 먼저 보는 풍경이 거실의 소파와 맞은편에 놓여 있는 TV라면 어떨까요? 아마도 소파에 털썩 앉아서 결국 TV를 켜고 화면만 바라보게 될 가능성이 높아지겠죠. 그래서 많은 가정에서는 거실 구조를 바꾸거나 TV가 아예 없는 공간을 만들기도 합니다. 그렇게 눈에 보이는 것들은 아이들을 위해 순순히 바꾸지만, 눈에 보이지는 않아도 더 소중한 일은 아직 잘 인식하지 못하거나 대수롭지 않게 생각하며 그냥 스치고 있습니다. 바로, '아이가 종일 부모에게 듣는 언어'가 그 주인공입니다.

매일 아침, 아이가 일어나 가장 처음 듣는 말이 "빨리 일어나, 학교 가야지"가 아니라 "오늘도 행복한 하루 시작하자"라는 따스한 이야기라면, 학교에서 돌아온 아이가 집에 돌아와 가장 처음 듣는 말이 "공부 잘했어? 숙제하고 빨리 학원 가야지"가 아니라 "학교에서 좋은 일 많았니? 그 이야기 엄마에게도 좀 들려줄래?"라는 기쁨 가득한 마음이라면, 아무리 힘든 일이 있어도 아이가 살아갈 하루는 이전보다 아름답고 행복할 것입니다.

물론 알면서도 일상에서 하기 쉽지 않다는 사실, 그 힘든 마음 잘 알고 있어요. 하지만 아이에게도 산다는 것은 온갖 종류의 고통을 겪고 견디는 과정입니다. 바깥에서 만나는 친구를 비롯한 다양한 사람들에게 받은 슬픔과 고통을 집에서 부모에게서 치유받지 못한 아이는 결국 세상을 향한 두려움과 분노가 과도하게 발달한 사람으로 성장하게 되죠. 짐작할 수 없는 공격성과 과도한 감정의 변화, 타인과 어울리지 못하는 괴팍한 성격을 갖게 되는 것입니다. 그래서 어떤 경우에도 부모의 언어는 아이에게 따스한 햇살이자 누워서 쉬고 싶은 편안한 침대여야 해요. 생각만으로도 마음이 편안해지는 든든한 부모가, 흔들리는 내 아이만을 위한 세상에 단 하나뿐인 근사한 버팀목이 될 수 있으니까요.

이 책을 선택해서 여기까지 읽은 모든 부모님들은 아마 이런 마음이겠지요?

'힘들지만, 그래도 그 힘든 길을 걸어가야지.
정말 힘들지만, 그래도 웃을 수 있는 일이니까.'

그 마음을 존경합니다. 우리, 다음 글을 필사하고 낭독하며 마음을 다잡고, 본격적으로 아이의 삶을 바꿀 8가지 인문학 질문에 대해서 알아보기로 해요.

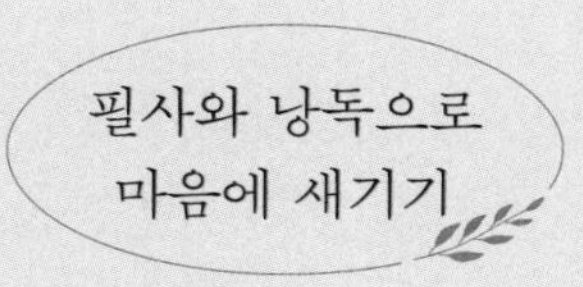

우리는 언어라는 세상 속에서 살고 있다.
지금도 당신이 살아가는 세상은 매우 다채롭다.
다만 그걸 느끼는 당신의 언어가 단조로울 뿐이다.
우리는 자신이 표현하는 언어 이상의 세상을 만날 수 없다.
그래서 모든 부모의 언어는 곧 아이가 살아갈 세상이기도 하다.
아이는 부모의 언어를 통해 세상을 관찰하고 배우며 느낀다.
부모의 언어는 아이를 세상 어디든 당장 날아갈 수 있게 해주는
돈으로도 살 수 없는 '지성의 티켓'이다.

11Day

아이의 가능성을 확대하는 8가지 인문학 질문

요즘 아이들은 어릴 때부터 정말 많은 것을 배우고 세계 곳곳을 여행하며 다양한 경험을 하면서 살고 있습니다. 고등학교 때 배울 것들을 중학교 때, 중학교 때 배울 것들을 초등학교 때 먼저 다 배울 정도이니, 과거보다 훨씬 더 빨리 많은 지식을 흡수하고 있죠.

그런데 여기에서 궁금한 게 하나 있어요.

'왜 그렇게 배운 모든 지식이 아이 성장에 연결되지 않았을까?'

여러분은 이 질문에 답할 수 있나요? 늘 생각했던 것이지만 답을 내리기는 쉽지 않을 것입니다. 제가 생각해낸 답은 아이를 좁은 공간으로만 몰아붙이는 부모의 질문에 있습니다. 아이의 가능성은 우주의 크기만큼 넓고 광활한데, 자꾸 비좁은 골방으로만 아이를 안내하죠.

지금 우리에게 필요한 건 아이에게 이런 삶을 살 수 있게 해주는 것입니다.

'모든 방향이 입구라서 어디든 자유롭게 출입할 수 있는 지성'

그 모든 근사한 삶은 바로 이런 질문으로부터 벗어날 때 비로소 시작됩니다.

"그 친구 어느 아파트 살아?"

"그 친구 아파트는 몇 평인데?"

이러한 질문이 나쁘기만 하다는 것은 아닙니다. 삶의 질을 아파트 브랜드와 평수로만 판단할 수밖에 없는 환경에서 살고 있으니 어찌 보면 당연한 결과이니까요. 하지만 살아갈 환경을 바꾸려면, 아이가 친구들에게 이런 질문을 자연스럽게 할 수 있도록 도와주는 게 좋습니다.

"너희 집 창문에서는 뭐가 보이니?"

"네 방에서 어떤 생각을 자주 하니?"

평수와 가격은 쉽게 짐작할 수 있지만, 창문에서 보이는 풍경은 어디에 서 있는지에 따라, 혹은 그걸 바라보는 사람이 누구인지에 따라 모두 다릅니다. 가능성을 무한대로 확대한 질문인 셈이죠. 간단하지만 결코 간단한 질문이 아닌 것입니다. 아이가 스스로 이런 질문을 찾아서 누군가에게 던질 수 있게 하려면 다음과 같은 인문학 질문을 평소 아이에게 자주 던지는 게 좋습니다.

①"여기에는 어떤 특별한 것이 있을까?"

②"먹지 않아도 살 수 있게 되면 어떨까?"

③"'어쩔티비 저쩔티비'라는 말에 대해서 어떻게 생각하니?"

④"저 기계는 어떤 방식으로 작동할까?"

⑤"저 사람은 왜 저런 생각을 하는 걸까?"

⑥"모두가 같은 생각을 한다는 건 무엇을 의미하는 걸까?"

⑦"부자와 부자가 아닌 사람의 기준은 뭘까?"

⑧"요즘 가장 자주 고민하는 문제가 뭐니?"

여러분에게 8가지 인문학 질문을 소개했습니다. 더 많은 질문을 제공할 수도 있지만, 일단 기본이 될 수 있는 8가지 질문에서 먼저 시작해주세요. 그럼 질문하는 일상을 통해 나중에는 자기만의 질문을 창조할 수 있게 되니까요. 다시 한번 강조하지만, 세상의 예상을 벗어나 남들이 보지 못하는 것을 바라보며 성장한, 그리고 그렇게 깨달은 지식을 바탕으로 세상에 없는 것을 창조한 대가들은 부모에게 전혀 다른 질문을 받으며 성장했습니다. 그들이 일생에

걸쳐 세상에 내놓은 모든 근사한 답은, 그들의 부모가 그들에게 던진 근사한 질문이 모여 이룬 작품이라고 볼 수 있죠. 여러분도 충분히 가능하고 할 수 있습니다. 인문학 질문으로 오늘부터 시작해 보세요.

PART 2

창의력을 확장해주는 대화 11일

1Day

아이가 심심해해도 놀아주지 않는 이유

"바보처럼 거기에서 혼자 뭐 하는 거야!"

"여기로 나와서 친구랑 같이 놀아!"

아이가 혼자서 시간을 보내는 모습을 보면 부모의 마음은 조금 두려워지죠. '사회성이 부족한 게 아닐까?', '성격이 좀 이상한 거 아니야?' 하지만 구석에서 혼자 시간을 보내는 아이는 부모의 걱정처럼 결코 혼자 있는 것이 아닙니다. '나'라는 내면을 만나 자기만의 색을 입히고 있는 중이니까요. '자기만의 구석'을 창조하는 것이라고 말할 수 있습니다.

그래서 반드시 아이가 혼자서 심심한 시간을 보낼 수 있게 해주는 게 좋습니다. 그건 결코 사라지는 시간이 아니기 때문입니다.

인생에 필요한 것들을 갖추기 위해서는 혼자 있는 시간을 견디고 즐길 줄 아는 힘을 기르는 게 우선입니다. 모든 창조는 혼자 있을 때 이루어지며, 혼자 있는 아이만이 다양한 감정에 눈을 뜰 수 있기 때문입니다.

아이가 심심할 것 같아서 미안한 마음에 여기저기로 끌고 다니며 새로운 것을 보여주려는 부모의 마음도 물론 귀하지만, 때로는 아이 자신을 위해 철저하게 심심할 필요가 있습니다. 세상과 멀어지면 눈과 귀가 열리면서 보이지 않았던 것이 보이고, 들리지 않았던 소리를 듣게 됩니다. 철저히 혼자 있는 아이는 심심한 것이 아니라, 이전과는 다른 생각과 창조를 할 수 있게 되는 거죠.

생명이 있는 존재는 혼자 있는 시간을 피할 수 없습니다. 전과 비교해서 아름다운 내일을 맞이할 것인가, 아니면 어제보다 못한 내일을 맞을 것인가. 그것은 모두 아이가 혼자 있는 시간을 어떤 상태로 무엇을 추구하며 보냈느냐가 결정합니다. 지금부터 소개하는 글을 부모가 먼저 낭독하며 자신의 것으로 만들고, 그 느낌을 일상에서 아이에게 말과 행동을 통해 보여주는 게 좋습니다.

"혼자서 오랫동안 자신을 견딜 수 있는 사람은 타인의 비난에 흔들리지 않고, 같은 자리에서도 새로운 것을 발견하며, 혼자만 걸을 수 있는 유일한 길을 걷습니다. 혼자 있어도 강하기 때문에 모두가 나를 떠나도 홀로 자리를 지키고, 아무도 자리를 떠나지 않아도 홀로 어딘가로 떠나죠. 그는 오직 하나, 내면의 소리에만 반응하며 움직입니다."

"한 사람의 의식 수준은 '혼자'를 견딘 시간의 합과 일치합니다. 혼자 있는 자신을 견딜 수 있을 때, 그렇게 세상에서 가장 고독한 시간을 보낼 때, 우리의 의식 수준은 급격하게 상승하죠. 고독의 통로는 내면과 연결되어 있습니다. 꽃과 나무, 구름과 바다도 아름답지만, 세상에서 가장 근사한 것은 내면에 존재합니다. 이 아름다운 두 문장을 그대 내면에 새기세요."

"나는 나를 사랑할 수 있고, 나는 나를 행복하게 할 수 있다."

"우리는 보통 타인과의 만남을 통해서만 삶이 나아진다고 생각하기 쉽습니다. 하지만 그렇지 않죠. 우리는 홀로 있을 때, 자신의 생각과 질문을 통해 마주 섰을 때, 비로소 진정한 삶을 꽃피우게 됩니다. 고독하려면 혼자 걸어갈 용기, 혼자 다른 것을 선택할 용기, 혼자 남아서 사색할 용기가 필요합니다. 그래야만 이 많은 사람 속에서 자기만의 색을 유지하며 특별한 한 사람으로 살아갈 수 있습니다."

글을 읽으니 마음이 어떤가요? 이제 아이가 심심해해도 억지로 놀아주지 마세요. 부모에게도 부모만의 시간이 필요하듯, 아이에게도 혼자서 생각할 시간이 필요합니다. 아마 심심한 시간을 절대 참지 못해서 24시간 내내 부모를 괴롭히는 아이도 있을 것입니다. 그런 아이에게는 앞서 소개한 글을 아이가 이해할 수 있게 바꿔서 들려주세요. 아이가 이해할 수 없을 거라고 짐작하지 말고, 아이가 충분히 이해할 때까지 함께 낭독이나 필사를 하는 것도 좋습니다.

모든 아이는 각자 자기만의 창조력을 갖고 있습니다. 다만 그걸 꺼내려면 진정한 자신을 만나는 시간을 자주 가져야 하죠. 이때 필요한 것이 바로 혼자 있는 시간입니다. 겉으로 볼 땐 심심하게 보이지만, 내면에서는 엄청난 변화가 이루어지고 있죠. 모든 사람이 천재라고 부르는 이들이 그랬던 것처럼 내 아이가 혼자 있는 시간이 주는 달콤함을 즐기게 해주세요. 그 시간은 분명 아이에게 빛을 전할 것입니다.

❤ "혼자서 오랫동안 생각을 기울이면,
그 끝에서 지혜가 끌려옵니다."

2Day

분해해서 다시 조립이 가능한 장난감을 아이에게 사줘야 하는 이유

장난감을 조립했다가 분해하는 것은 사실 아이 본성에 충실한 행동입니다. 그렇기에 고정되어 있어 분해가 쉽지 않거나, 하나의 모습으로만 완성이 가능한 장난감은 아이의 본성을 거스르는 물건이나 마찬가지죠. 한 번만 조립이 가능한 장난감도 좋지만, 창의적인 아이로 키우고 싶다면 자유롭게 분해할 수 있고 분해할 때마다 색다르게 조립할 수 있는 블록이나 조립식 장난감을 사주는 게 좋습니다. 바퀴와 작은 나사가 어떤 역할을 하는지 알게 되고, 블록 하나하나가 얼마나 가치 있는지 깨닫게 되며, 세상에 쓸모없는 것이 하나도 없다는 사실도 깨달을 수 있기 때문입니다. 또한, 자신의 의지로 무엇이든 새롭게 바꿀 수 있다는 사실도 자연스럽게 알게 되면서 아이는 어떠한 환경과 어려움도 이겨내고 극복할 힘도 갖게 됩니다. 블록 하나를 조립하고 분리하면서 정말 다양한 삶의 장점을 자신의 것으로 만드는 셈이죠.

중간중간에 아이에게 다음에 소개하는 말을 들려주면, 더 빛나는 가치를 품은 아이의 상상력과 행동을 만날 수 있습니다. 많은 아이가 지금 이 순간에도 블록을 조립하고 있지만, 모든 아이가 앞서 이야기한 능력을 가질 수 있는 것은 아닙니다. 부모의 적절한 말이 필요하니 꼭 기억하고 들려주세요.

"네가 다시 조립하면 과연 어떤 모양이 될까?"

"무언가를 아는 것도 중요하지만, 상상할 수 있다는 것은 위대한 일이지."

"이번에는 무슨 생각을 하고 있니? 너의 생각을 네가 완성한 블록으로 확인해볼 수 있겠네!"

"세상이 알려준 방법도 좋지만, 네가 하고 싶은 모습을 직접 만드는 것도 멋진 일이야!"

"창조력은 대단한 게 아니야. 네가 원하는 것을 만들면 된단다."

"규칙과 설명서 없이 만들면 마치 탐험을 하는 것처럼 새로운 결과를 만날 수 있어."

"사람들의 시선은 생각하지 마. 네 생각에만 집중하면 돼."

나중에 장난감을 더이상 사용하지 않을 때가 되면 아이와 함께 장난감을 분리하면서 재활용과 분리수거 활동도 할 수 있어 살아있는 교육이 됩니다. 물론 처음에는 이런 걱정을 할 수 있습니다. '아이가 정말 자신의 생각을 장난감으로 표현할 수 있을까?', '잘해내지 못해서 괜히 자책하면서 자존감이 낮아지면 어쩌지?', '괜히 비싼 장난감 샀다가 제대로 쓰지도 못하고 버리는 건 아닐까?' 하지만 막상 아이가 원하는 대로 장난감을 분해해주고 나면 모든 과정이 자연스럽게 흘러가 놀라게 될 것입니다. 아이가 왜 분해를 원했는지, 그리고 어떤 과정을 통해 하나의 결과로 완성되는지 이해되며 아이에게 공감하게 되죠.

반드시 기억해야 합니다. 무엇을 만들든 제대로 만드는 게 아니라, 아이의 생각대로 만드는 게 중요합니다. 지금 아이는 물건을 만들어 팔거나 대회에 나가 경쟁을 하는 게 아니니까요. 자신의 생각을 실제로 눈앞에 펼칠 수 있게 되면 아이의 세계도 그만큼 확장합니다.

3Day

아이의 창의성을 생각한다면 이렇게 묻지 마세요

하루는 한국의 아이들과 뉴질랜드의 아이들을 대상으로 창의력 테스트를 했습니다. 문제는 간단해요.

'물컵 모양이 그려진 종이에 원하는 대로 그림을 완성하라.'

역시 한국의 아이들은 빠르게 그림을 그리기 시작했습니다. 마치 입이 없는 사람이 된 것처럼 테스트가 진행되는 긴 시간 동안 아무것도 묻지 않았어요. 도착만이 삶의 목표인 사람처럼 맹렬하게 달려갔죠. 하지만 뉴질랜드의 아이들은 중간중간 이런 식의 질문을 던졌습니다.

"혹시 종이를 회전해도 되나요?"

"저에게 자를 주실 수 있나요?"

뉴질랜드의 아이들은 이외에도 다양한 질문을 하면서 그림을 그려나갔어요. 그 아이들의 표정은 과정을 온전히 즐기고 있다는 것을 완벽하게 증명하고 있었죠. 뉴질랜드 아이들뿐만 아니라 우리가 선진국으로 생각하는 다른 나라 아이들 역시 마찬가지입니다. 그들이 다양한 영역에서 한국의 아이들보다 창의성을 발휘할 수 있는 이유는 '급하게 마치려는 생각'을 하지 않았기 때문입니다. 단순히 '결과'가 목적이 아니라 '중간중간의 과정이 존재하는 결과'가 목적이었기 때문입니다.

물론 빠르게 도착하는 것도 중요하죠. 그게 필요한 영역의 일도 있습니다. 하지만 이제 그런 일들은 대부분 기계가 대신해주고 있죠. 과정의 소중함을 아는 건 인간만의 고유한 특성이자 빛나는 가치입니다. 시키는 일만 정해진 시간에 끝내는 아마추어는 마감을 정해두고 일을 시작하지만, 프로는 스스로 끝났다고 생각할 때까지 멈추지 않습니다. 창의성은 결국 사색하는 시간의 질로 결정됩니다.

앞으로 인공지능 시대를 살아가야 하는 우리 아이들에게 정말 필요한 능력입니다. 어떻게 해야 아이들이 창의성을 가질 수 있을까요? 간단해요. 아이들은 시간제한이 없어야 압박감을 느끼지 않을 수 있고, "더 좋은 방법이 없을까?"라는 질문을 멈추지 않게 되며, 결국 더 나은 방법을 찾아낼 수 있습니다. 그래서 숙제나 과제를 제시한 후 자꾸만 이렇게 묻는 건 아이의 창의성 발달에 매우 좋지 않습니다.

"언제까지 할 수 있겠어?"

"지금 시간이 얼마나 지난 줄 알아?"

그러다가 시간이 더 지체되면 이렇게 나쁜 말이 나오죠.

"그렇게 느려서 앞으로 어떻게 살래!"

"학교랑 학원에서 대체 뭘 배운 거야!"

이런 말들은 아이에게 상처를 주고 동시에 창의성을 망칩니다. 창의성에 필요한 건 안정성인데, 자꾸 불안해지면 아이는 어디에도 기댈 수 없게 되죠. 그러면 생각하지 않는 사람으로 성장할 수밖에 없어요. 일상에서 이런 말로 아이의 생각을 기다리며 따뜻하게 격려해주세요.

"아빠는 얼마든지 기다릴 수 있어. 네가 하고 싶을 때까지 해봐."

"요즘에는 어떤 생각을 하고 있니? 네가 생각한 것들은 늘 엄마의 호기심을 자극해서 기대감이 높아져."

"결과를 굳이 걱정할 필요는 없어. 순간순간에 최선을 다했다면 이미 가장 좋은 선물을 받은 거니까."

마감 시간을 정하고 강요하면 부작용이 생기기 마련이죠. 혼나지 않기 위해 대충대충 하고, 나중에는 답안지를 몰래 보기도 합니다. 무조건 빠르게, 그럴듯한 결과를 내기만 하면 혼나지 않기 때문이죠. 단순히 혼나지 않기 위해 사는 아이의 삶, 너무나 안타깝지 않나요? 그러다 보면 순수한 창의성은 사라지고, 타인의 것을 베끼는 삶이 시작됩니다. 그것이 가장 빠르게 해낼 수 있는 방법이기 때문이죠. 지금 한국의 현실이 적나라하게 그 모든 것을 증명합니다.

우리가 그토록 원하고 갈망하는 자기주도 학습도, 결국에는 더 많은 시간을 아이에게 주면서 저절로 시작하는 부록과도 같은 것입니다. 시간이 필요한 일에 시간을 주지 않으니 문제만 커지는 거죠. 아이들은 오히려 어른들에게 이렇게 묻습니다.

"자기주도 학습을 원하면서 왜 자꾸 마감 시간을 정해주나요?"

"창의성을 원하면서 왜 남들과 같은 방식을 추구하나요?"

기억하고 또 기억해주세요. 모든 아이는 천재로 태어났습니다. 아이들에게 모자란 것은 오직 시간뿐입니다. 물론 다른 아이들이 속도를 높이거나 일시적으로 성적이 오르면 불안해지는 부모의 마음은 이해합니다. 시험처럼 정해진 시간 안에서 빠르게 문제를 풀어야 할 때도 있죠. 하지만 그럴수록 순서를 제대로 인식하는 게 중요합니다.

먼저 창의성을 길러야 정해진 시간 안에서 발휘할 수도 있게 되죠. 그러니 아이에게 큰 문제가 없는 이상 더 방황하며 실패할 시간을 허락해주세요. 그게 결국에는 아이를 위한 가장 멋진 선택이 될 테니까요.

"가서 책이라도 읽어"라는 말이 아이의 창의력을 파괴합니다

아이가 소파에 앉아서 가만히 있거나 아무것도 하지 않는 것처럼 보이면 바로 이런 말이 아이에게 날아갑니다.

"왜 그러고 있니?"

"거기에서 뭐 하는 거야?"

"가서 책이라도 읽어!"

"빈둥거리지 말고 뭐라도 해!"

왜 자꾸 이렇게 말하게 되는 걸까요? 그 이유는 아이가 무언가를 하고 있지 않으면 아무것도 하지 않는 거라고 생각하기 때문이죠. 그러나 가만히 있는 아이는 생각을 하는 중이고, 그런 과정을 통해 자신의 집중력을 높이고 있는 것입니다.

혼자 있는 아이는 아무것도 하지 않는 게 아닙니다. 스스로의 힘으로 자신을 독서와 공부에 집중할 수 있는 내면의 크기를 만들고 있다고 볼 수 있죠. 그런 중요한 일을 하는 아이들을 자꾸만 "왜 그러고 있니?", "가서 뭐라도 해라!"라는 말로 깨우는 건 이렇게 말하는 것과 같아요.

"집중력 같은 건 필요하지 않아. 좀 더 산만한 아이가 되렴!"

"네가 지금 하는 건 아무런 쓸모도 없는 행동이야!"

아이가 혼자 무언가를 생각하고 있을 때는 그대로 혼자 두는 게 좋습니다. 아이는 지금 세상에서 가장 창조적인 행위를 하는 중이니까요. 꼭 기억하세요. 아무리 산만한 아이라고 할지라도 가만히 지켜보면 하루에 몇 번 정도는 혼자서 가만히 생각하고 있을 때가 있습니다. 이때 "네가 웬일이니? 가만히 생각도 다 하고?"라며 방해를 하지 말고, 최대한 오랫동안 그대로 두는 게 좋습니다. 아이는 지금 자신의 미래를 위한 가장 근사한 준비를 하는 중입니다.

아이의 창의력을 좀 더 빠르게 높이고 싶다면, 무언가에 집중해서 오랫동안 생각하던 아이가 다시 움직이기 시작하면 그때 다가가는 겁니다. 그리고 자연스럽게 다음과 같은 순서로 질문하며 아이가 그 시간에 가치를 더할 수 있도록 도와주세요. 일단 먼저 다음 4가지 질문을 한번 읽어볼까요?

"무슨 생각을 그렇게 깊이 했니?"

"그랬구나. 와 대단한데?"

"그래서 어떤 결론이 났어?"

"엄마도 한번 생각해봐야겠다."

간단하게 과정을 설명하면 이렇습니다.

1. 아이의 시간 존중하기

아이가 혼자 무언가를 열중해서 관찰하거나 몰입한 이후에는 꼭 이런 질문으로 생각을 남길 수 있도록 해주는 게 좋습니다. 무엇이든 그렇지만, 남기지 않으면 사라지기 마련입니다.

"무슨 생각을 그렇게 깊이 했니?"

"어떤 생각이 너를 멈추게 한 거야?"

2. 가치를 부여하기

아이는 신이 나서 대답할 것입니다. 대부분 아이는 자신이 생각하거나 발견한 것들을 부모에게 설명하고 이야기를 나눌 때 행복을 느끼기 때문이죠. 이런 말로 아이의 생각이 가치 있는 것이라는 사실을 알려주세요.

"그랬구나, 와 대단한데?"

"그런 생각까지 하다니 멋지다!"

3. 생각을 자극하기

이번에는 아이가 내린 결정에 대해 묻는 과정입니다. 무언가를 오랫동안 생각하거나 집중하면 그 끝에서 어떤 결론이나 결정한 것들을 만나게 되기 때문입니다. 그걸 묻고 답하는 과정에서 아이는 자신이 보냈던 시간을 회상하며 생각을 농밀히 다지게 됩니다.

"그래서 어떤 결론이 났어?"

"네 생각을 한 줄로 압축하면 어떻게 표현할 수 있을까?"

4. 실천으로 옮기기

아이에게는 이 4단계 과정이 매우 흥미롭고 기대되는 순간입니다. 자신이 생각한 것을 부모와의 일상에서 실천할 수 있기 때문입니다. 동시에 자신의 생각이 현실로 이루어지는 과정을 통해 무언가를 깊이 생각해서 하나를 만드는 기쁨을 느끼게 되니, 창의력 부분에서 긍정적인 효과를 기대할 수 있죠.

"엄마도 한번 생각해봐야겠다."

"아빠라면 이렇게 해볼 것 같은데."

앞서 소개한 4단계 과정을 통해 아이가 생각한 것을 현실에서 실현할 수 있도록 해주세요. 그럼 평소 별생각이 없거나, 창의력이 없어서 고민하게 했던 아이의 생각을 깨울 수 있습니다.

5Day

아이의 창의력과 자존감이 탄탄해지는 말

아이의 창의력과 자존감의 형성은 서로 다른 영역인 것 같아도 하나로 연결이 되어 있습니다. 스스로에 대한 강한 믿음과 사랑이 결국 세상을 바라보는 창조의 시선을 높이기 때문이죠. 여러분의 말을 다음에 제시하는 방식처럼 알맞게 바꿔서 아이에게 들려준다면, 곧 근사하게 변화된 아이의 모습을 만날 수 있습니다.

1. 참여를 유도하는 말

"그런 일은 실제로 일어나지 않아."

→ "무슨 일이 일어나는지 같이 볼까?"

2. 가능성을 부여하는 말

"네 나이에 아직 그건 무리야."

→ "누구든 일단 시도할 수 있어. 해봐야 알 수 있으니까."

3. 방법을 찾게 해주는 말

"세상은 엄청나게 위험한 곳이야."

→ "위험한 게 있다면 아빠랑 같이 하면 되지."

4. 폭넓은 사고를 가능하게 하는 말

"남자아이는 이래야 하고, 여자아이라면 이렇게 해야지."

→ "마음을 내는 사람이 먼저 하면 되는 거야."

5. 혼자의 힘을 깨닫게 해주는 말

"다른 친구들 좀 봐라. 너도 얼른 가서 따라 해!"

→ "혼자서 떨어져서 생각하는 시간도 참 중요하지."

6. 상황에 대한 이해도를 높이는 말

"저 사람 진짜 나쁜 사람이야!"

→ "저 사람의 말과 행동에 대해서 너는 어떻게 생각하니?"

7. 도전정신을 부여하는 말

"엄마가 그거 위험하다고 말했지! 뭘 하든 늘 허락받고 시작해!"

→ "너무 위험한 것이 아니라면 도전해보는 것도 좋은 선택이지."

8. 따스한 시선의 가치를 전하는 말

"이 장난감 진짜 비싼 건데 아끼고 아껴서 사주는 거야!"

→ "네가 좋아할 모습을 그리면서 고른 선물인데 마음에 드니?"

다시 한번 정리합니다.

① 참여를 유도하는 말

② 가능성을 부여하는 말

③ 방법을 찾게 해주는 말

④ 폭넓은 사고를 가능하게 하는 말

⑤ 혼자의 힘을 깨닫게 해주는 말

⑥ 상황에 대한 이해도를 높이는 말

⑦ 도전정신을 부여하는 말

⑧ 따스한 시선의 가치를 전하는 말

위에 소개한 8가지 말과 그 예시가 무엇을 의미하는지 하나하나

깊이 생각하면서 아이와 대화를 나눈다면, 이후 아이가 만날 세계는 달라져 있을 것입니다. 부모의 말은 아이의 창조적 세계를 결정하는 지적 재료가 가득한 지성의 보물창고와도 같습니다.

마음 돌아보기

새로운 대화법으로 아이와 이야기를 나눈 후 느낀 점을 써볼까요?

6Day

창의력과 창의성이 모두 뛰어난 아이들의 16가지 특성

두 단어를 혼동해서 사용하기 쉬우므로 먼저 분명한 정의가 필요합니다. 늘 말과 글을 대할 때 우리는 정의할 수 있는 단어만 가질 수 있다는 사실을 기억해주세요.

'창의력(創意力)'은 주어진 상황을 해결할 가장 적절한 아이디어를 창출하는 능력이고, '창의성(創意性)'은 전혀 새로운 것을 생각해 내는 능력을 말합니다.

앞으로의 세상은 창의력과 창의성 둘 중 하나가 아닌, 두 가지 모두를 가진 아이가 살아가기 좋은 시대가 될 것입니다. 창의력과 창의성을 모두 가질 수 있다면 그 아이에게 세상은 가장 재미있는 하나의 놀이터로 느껴지게 되겠죠.

하지만 그런 능력을 갖기 위해 거창한 무언가가 필요한 것은 아닙니다. 창의력과 창의성이 모두 뛰어난 아이들의 삶에서 공통적으로 나타나는 16가지 특성을 살펴보며 아이들의 삶을 돌아보는 시간을 가져보세요.

① 다른 아이들과 관심사가 다르다.
② 완성한 레고를 그대로 두기보다는 반복해서 분리하고 조립하는 것을 즐긴다.
③ 간혹 예상할 수 없는 질문을 던진다.
④ 같은 문제에 대해 계속 질문하지만, 질문이 미세하게 달라진다.
⑤ 집중하느라 불러도 모를 때가 있다.
⑥ 같은 공간에서 같은 하루를 보내지만, 함께 있으면 늘 새로운 게 느껴진다.
⑦ "제가 해볼게요!"라는 말을 자주 한다.
⑧ 다른 사람들이나 사물의 장점을 매우 잘 찾아서 알려준다.
⑨ 설득보다는 설명을 잘한다.
⑩ 말꼬리를 끝도 없이 잡지만, 지켜볼 때 밉지 않고 흥미롭다.
⑪ 동물과 식물을 사랑한다.
⑫ 타인의 조언에 따르기보다는 스스로 하고 싶은 대로 한다.
⑬ 불평과 불만이 별로 없다.

⑭ 자신이 하루에 쓸 시간을 철저하게 분배하며 지키고 산다.

⑮ 자기만의 독서법과 공부법이 있다.

⑯ 게임을 하다가도 중간에 알아서 멈추고 숙제나 해야 할 일을 한다.

피카소는 어려서부터 아버지에게 미술을 배웠습니다. 놀라운 사실은 비둘기 다리만 1년 동안 그렸다는 것입니다. 여기에 비밀이 있어요. 사람들은 그가 같은 비둘기 다리를 365번 반복해서 그렸다고 생각하겠지만, 어린 피카소는 다르게 생각했죠.

'비둘기 다리를 365번 다르게 그려보자.'

어린 피카소는 같은 것을 다르게 해석하면서 스스로 생각을 자극하는 과정을 통해 창조의 영역에 접속할 수 있었죠. 같은 환경에서도 다른 방법을 통해 자신의 창의력과 창의성을 365배로 높일 수 있었던 것입니다.

이런 방식은 창의력과 창의성을 겸비한 아이들의 공통점이기도 해요. 타고난 천재도 있지만 그들은 매우 소수이고, 대부분이 스스로의 노력과 의지를 통해 창의력과 창의성을 최대한으로 높이고 있죠. 전혀 놀라운 일이 아닙니다. 여러분의 아이들도 매일 일상에서 그런 시도를 하고 있습니다. 물어본 것도 또 묻고, 다시 또 묻는 이유도 바로 그런 태도로 세상을 바라보고 있기 때문이죠. 아이들이 일상에서 보여준 모습을 떠올리며 앞서 소개한, 그들의 삶에서 나타나는 16가지 공통점을 아이와 함께 낭독해보세요. 그럼 아이는 자연스럽게 그런 삶의 가치를 알게 되며, 여러분은 일상에서 나름의 방법을 통해 이전에 없던 새로운 시선으로 세상을 바라보는 아이들의 모습을 볼 수 있게 됩니다. 마지막으로 이 멋진 사실을 하나 더 기억해주세요.

> “아이 안에는 이미 모든 것이 있고,
> 일상에서 나오는 부모의 언어는
> 그걸 꺼내는 가장 훌륭한 지적 도구입니다.“

7 Day

주입하지 말고 두 눈으로 보게 해주세요

저는 성별이나 연령을 따지지 않고 다양한 영역에서 일하고 있는 사람들에게 가르침을 자주 구하며 영감을 발견하는데, 소위 '많이 배웠다'고 말하는 사람들보다 오히려 어린아이들에게 배울 때가 더 많습니다. 이유는 간단하죠. 많이 배운 사람은 누구나 배우면 알 수 있는 자신이 '공부한 내용'을 알려주지만, 아이들은 세상에서 오직 자신만 알 수 있는 '직접 눈으로 본 것'을 알려주기 때문입니다.

가르침을 받는 방식으로 무언가를 배우는 행위는 누구에게나 공평한 일이고, 그래서 가르침을 받을수록 우리는 경쟁의 늪에 빠집니다. 더 많이 배운 사람과 평생을 경쟁해야 하죠. 다시 말해, 암기의 늪에 빠지게 되는 셈입니다.

하지만 자신의 눈으로 보는 것은 그 사람에게만 주어진 특별한 지적 행위이기에 경쟁에서 벗어나 'Only one'의 삶을 살게 해줍니다. 아이가 여기저기에서 많이 배웠음에도 여전히 나아지는 게 없고 공부를 힘겹게만 느낀다면, 이제는 그만 배우고 아이가 자신의 두 눈으로 보게 해주세요. 다음과 같은 이야기를 자주 들려주면 앞으로 아이들은 자신의 눈에 보이는 것에 더욱 관심을 갖게 될 것입니다.

"오늘 본 것 중에 기억에 남는 게 뭐야?"

"오늘 햇살은 어제와 무엇이 다른 것 같아?"

"같은 책도 읽을 때마다, 다르게 느껴지는 이유가 뭘까?"

"어떤 소스로 만든 반찬이 가장 맛있니?"

"학교랑 학원은 뭐가 다른 것 같아?"

"1등과 2등은 어떤 점에서 다른 걸까?"

"네 하루가 책이라면 어떤 제목이 어울릴까?"

"스마트폰 종류가 이렇게 많은 이유가 뭘까?"

100명이 같은 곳을 향해서 뛰면 1등에서 100등까지 순위가 나뉘게 됩니다. 하지만 100명이 모두 다른 방향을 향해서 달리면 모두가 1등이 될 수 있죠. 'Only one'이 된다는 것은 그래서 멋진 일입니다. 배우는 건 타인의 지식을 쌓는 것이고, 보는 것은 자신만의 지식을 쌓는 일입니다. 왜 창의성을 높이려면 아이의 눈을 가져야 한다고 말하겠어요. 아이들은 배우지 않고 자신의 두 눈으로 바라보기 때문입니다. 주입하는 삶을 멈추고 생각을 자극하는 대화를 시작하며 아이가 눈앞에 놓인 것들을 바라볼 수 있게 해주세요.

8Day

'확산형 질문'이 생각하는 힘을 키웁니다

왜 어떤 아이는 같은 것을 배워도 자신이 배우지 않은 분야에 대한 지식까지 스스로 깨닫게 되는 걸까요? 부모 입장에서는 그 비결이 정말 궁금한데요, 비결은 바로 '질문'에 있습니다.

생각할 필요성을 주지 않는 '단답형 질문'에서 벗어나 아이의 재능과 생각의 크기를 키우는 '확산형 질문'을 던질 수 있다면, 여러분의 아이는 같은 공간에서 같은 것을 봐도 어제와 전혀 다른 것을 깨닫게 되며 남다른 수준의 지성을 갖게 됩니다.

동네 놀이터에서 매일 새로운 것을 발견하지 못하는 아이는 유럽의 온갖 예술과 문화를 접해도 아무것도 발견하지 못합니다. 중요한 건 바로 이 질문입니다.

‘어떻게 하면 지금 내가 사는 여기에서 더 다양한 분야로 생각을 확산할 수 있느냐?’

부모가 일상에서 아래와 같은 확산형 질문을 자주 들려주면 아이의 생각은 점점 깊어지고, 분야를 넘나들며 다양한 지식을 흡수할 수 있게 됩니다.

“놀다가 들어와서 목마르지? 우유랑 물 중에 뭘 마실래?”

→ “오늘의 네 기분은 뭘 마시라고 말하고 있니?”

“책 먼저 읽을래? 아니면 숙제 먼저 할래?”

→ “학교에 다녀왔으니 뭘 먼저 시작하면 좋을까?”

“심심하면 밖으로 나가서 놀래? 집에서 노는 게 좋을까?”

→ “뭘 하면 우리 둘이 즐겁게 시간을 보낼 수 있을까?”

“양치질 먼저 할래? 책가방 정리를 먼저 할래?”

→ “식사가 끝난 후에는 뭘 먼저 하는 게 좋을까?”

창의력이 발달하려면 생각할 시간과 여유가 필요하고, 그렇게 하려면 생각할 가치가 있는 확산형 질문을 던지는 게 중요합니다. 부모가 단답형 질문을 던지면 아이는 굳이 생각을 하지 않습니다. 생각은 복잡하고 어려운 일이라서 필요하지 않으면 안 하게 되기 때문이죠.

일상에서 아이에게 질문을 던질 때마다 아이가 '아, 이건 생각이 필요한 질문이네'라는 판단이 들게 해야 합니다. 질문의 힘을 알고 있는 지혜로운 부모는 확산형 질문을 통해 아이를 일상 곳곳에서 멈추게 한 후 깊은 생각을 할 수 있도록 돕습니다. 일상에 적용해 보시면 바로 변화를 느낄 수 있을 겁니다. '생각하는 아이'와 '생각하지 않는 아이'는 다른 아이라고 말할 수 있을 정도로 다른 일상을 살게 되기 때문입니다.

마음 돌아보기

새로운 대화법으로 아이와 이야기를 나눈 후 느낀 점을 써볼까요?

사람과 사물의 가치를 발견하는 아이로 키우는 '가치의 말'

'가치'는 사물이 지닌 쓸모를 말합니다. 어떤 대상이 인간과의 관계에 의하여 지니게 되는 중요성을 말하기도 하죠. 그게 바로 사물과 사람의 가치를 발견하는 삶이 중요한 이유입니다. 인생이 주는 최고의 상은, 가치가 있는 일에 온 힘을 다할 기회를 스스로 제공하는 것과 그로 인해서 받을 수 있는 최선의 결과를 만나는 것이기 때문이죠. 그런 능력을 가지려면 어렸을 때부터 자신의 눈으로 사람과 사물의 숨겨진 가치를 발견할 수 있어야 합니다. 그럼 나중에 나중에 자신의 운명까지 스스로 결정할 수 있게 된다는 특권까지 손에 쥐게 되죠.

과정은 이렇습니다. 첫째, 사물이나 사람의 가치를 파악하기 위해 먼저 다가가야 한다는 사실을 인식하기. 둘째, 남들이 발견하지 못한 무언가가 있다는 확신으로 바라보기. 셋째, 발견한 것을 나만의 언어로 표현하기. 이렇게 3단계 과정을 거쳐야 합니다. 다음에 제시하는 7가지 말을 통해 자연스럽게 3단계 과정에서 알아야 할 것들을 배울 수 있으니 일상에서 대화를 통해서 아이에게 전해주세요.

"저 사람은 목소리가 작아서 도무지 무슨 말을 하는지 모르겠네."

→ "저 사람은 목소리가 작으니 조금 더 가까이 다가가서 대화를 나눠야겠네."

"시간이 10분밖에 안 남아서 도저히 책을 읽을 수가 없어."

→ "시간이 10분 정도 남았으니까 10분 동안 읽을 수 있는 책을 골라서 읽으면 되겠다."

"이 빵은 크림이 별로 없어서 별로다. 대체 이런 빵을 누가 먹겠어."

→ "이 빵은 크림 양이 평균보다 적어서 느끼한 거 안 좋아하는 사람에게 좋겠다."

"휴지에 실수로 물을 쏟았으니 버리자. 젖은 휴지를 어디에 쓸 수 있겠어?"

→ "휴지에 실수로 물을 쏟은 김에 물티슈처럼 바닥을 닦는 데 쓰면 되겠다."

"그 놀이동산은 강원도에 있잖아. 너무 멀어서 가기 힘들겠네."

→ "그 놀이동산은 강원도에 사는 사람들에게 가까워서 찾아가기 좋을 것 같아."

"콩나물국을 너무 먹어서 지겹네. 아깝지만 버리고 다른 국을 끓이자."

→ "콩나물국이 지겨워지면 거기에 순두부랑 양념을 넣어서 끓이면 어떨까? 네가 좋아하는 순두부찌개로 만들 수 있잖아."

"그 종이에는 실수로 물감을 쏟아서 그림을 그릴 수 없으니 버리자."

→ "그 종이에 실수로 물감을 쏟았다면 비행기로 만들어 날리면 좋겠다. 알록달록한 색 덕분에 더 근사할 것 같아."

마음 돌아보기

새로운 대화법으로 아이와 이야기를 나눈 후 느낀 점을 써볼까요?

10Day

'어쩔티비 저쩔티비'라며 엇나가는 아이를 바꾸는 말

풀리지 않았던 매우 오래된 문제에 대해 이야기를 하려고 합니다. 주변에서 자녀교육에 도움이 되는 말을 들을 때마다 이런 식의 하소연을 하는 부모들이 있죠.

"우리 아이는 말이 통하지 않아요."

"뺀뺀할 정도로 아무것도 안 하고 버텨요."

"선택하라고 하면 그냥 다 싫다고 말해요."

그럼 반대로 이런 질문을 한번 해보죠.

"태어날 때부터 말이 통하는 아이가 있을까요?"

"다 싫다는 말을 그냥 하기 시작한 걸까요?"

"아이가 가진 문제는 어디에서 발생한 걸까요?"

현재 부모를 괴롭히는 수많은 문제는 다음과 같은 말이 쏟아졌던 과거의 어느 지점에서 시작했을 것입니다.

"거봐, 아빠가 뭐라고 했어! 넌 아직 불가능하다고 했잖아."

"네가 엄마 말만 잘 들었어도 결과가 이렇게 되진 않았지!"

아이가 어떤 시도를 해서 평균 이하의 결과를 낼 때마다 부모가 이런 방식으로 비난을 한다면 결국 아이들은 입을 다물게 되죠. 뭘 해도 좋을 게 하나도 없기 때문입니다. 결국 부모가 그렇게도 듣기 싫은, '싫어', '안 해', '몰라', '어쩔티비 저쩔티비'라는 말도 이렇게 시작하게 되는 것입니다.

더 큰 문제는 아이가 그런 경험을 겪으며 다시는 어떤 시도나 선택도 하지 않는 사람으로 성장한다는 사실이죠. 앞서 언급한, 아무것도 선택하지 않고 뻔뻔할 정도로 다 싫다고 말하는 아이들이 바로 부모의 비난과 평가의 언어에 지치고 다친 아이들일 가능성이 매우 높습니다. 그 상태에서 벗어나고 싶다면 가능성을 낮추는 말에서 벗어나 다음과 같이 가치를 높이는 표현을 자주 해주는 것이 부모와 아이 모두에게 좋습니다.

"종이컵이 더럽다고 버리면 단지 쓰레기에 불과하지만, 네가 물감으로 멋지게 칠하면 연필통의 가치를 발견할 수 있지."

"와! 오늘 그린 그림 정말 특별한데? 가치가 햇살처럼 빛나는 것 같아."

"방금 네가 엄마에게 말해준 이야기, 그거 정말 가치 있는 생각이다! 어떻게 그런 멋진 생각을 했어?"

"네가 생각하고 말한 것 하나하나가 모두 모여서 너의 가치를 완성하는 거야."

"네가 무엇을 선택하든 우리는 늘 응원하고 기대해. 너에게는 그럴 가치가 충분하니까."

"세상에 가치 없는 사람이나 사물은 없어. 단지 가치를 찾지 못하는 사람이 있을 뿐이란다."

"그렇게 말하니까 색다른 가치가 느껴지네. 너만 표현할 수 있는 하나뿐인 가치라서 더 멋지다!"

"길에 굴러다니는 평범한 돌도 네가 정성스레 닦아서 무언가를 만든다면 다른 가치를 발견할 수 있게 되지."

아이가 자신이 하는 모든 말과 행동에서 가치를 발견할 수 있게 되면 이전과 이후로 나뉠 정도로 완전히 다른 하루를 살게 됩니다. 가치를 아는 아이는 결코 중간에 멈추지도 않고, 선택 앞에서 망설이지 않으며, 자신의 수준을 낮추는 말과 행동도 하지 않습니다. 좋은 것이 무엇인지 이미 알아버렸기 때문입니다. 그런 수준에 도달하게 되면 이제 아이는 근사하게 독립한 하나의 세계로 태어나게 되죠. 부모의 말이 아이에게 얼마나 막대한 영향을 미치는지, 그 사실을 증명하는 매우 중요한 지점입니다.

사람은 자신의 손에 있는 것은 정당한 값으로 평가하지 않지만, 그것을 잃어버리면 가치를 부여하게 됩니다. 이는 셰익스피어의 말입니다. 잃은 후에야 비로소 소중한 것을 알아차리게 된다는 의미죠. 부모와 아이의 삶도 하루하루 사라지고 있습니다. 더 잃기 전에 일상의 가치를 깨닫고, 더 소중한 일을 먼저 하는 삶을 산다는 것은 그래서 중요합니다. 가치를 느끼게 해주세요. '가치'라는 표현 하나로 아이가 살아갈 인생의 크기와 깊이가 바뀌니까요.

"부모의 말은 아이를 키우는
또 하나의 생명입니다."

신조어와 유행어 대신 아이에게 희망과 꿈을 전하는 11가지 말

'어쩔티비 저쩔티비 안물티비 안궁티비'

'대박', '존맛', '찢었다', '킹받쥬', '킹받네', '뇌절'

'안 했쥬', '안 물어봤쥬', '개꿀'

위와 같은 수많은 신조어와 유행어가 아이들 입에서 정말 자연스럽게 나오고 있습니다. 이를 통해 아이들은 자신의 색을 잃고 있죠. 스스로 생각하고 표현해야 하는데, 신조어와 유행어로 생각을 대체하고 있으니까요.

그럼 대체 무엇을 가르치면 이런 신조어를 사용하지 않고 아이가 자기만의 표현을 하게 만들 수 있을까요? 답은 바로 '꿈'과 '희망'에 있습니다. 꿈과 희망이 있는 아이는 남이 만든 신조어나 유행어에 자신의 삶을 맡기지 않기 때문입니다. 아이를 바꿀 기회는 얼마든지 있습니다.

아이들은 커가면서 일상에서 작게 혹은 크게 운동이나 각종 대회를 통해 승부를 겨루게 됩니다. 경기나 대회의 주인공이 되어 뛰는 거죠. 이때가 바로 아이들의 굳은 생각을 깰 수 있는 좋은 기회입니다. 아이들이 그와 같은 경험을 하고 돌아오면 정말 중요한 꿈과 희망에 대해서 꼭 이런 이야기를 나눠주세요.

"평소에는 다투던 친구들이 한마음이 되어 뛰는 거 잘 봤지? 모든 사람이 한마음으로 뭉치면 결국 꿈에 도착하는 거야."

"1초라는 시간도 전혀 사소하지 않아. 기적은 1초 안에 이루어지는 거니까."

"네가 기회라고 생각한다면 널 찾아온 모든 위기는 선물이지."

"우리 모두 너희 반이 무조건 이길 수 있다고 말했지. 거봐, 될 수 있다고 생각하면 결국 되는 거야."

"잊지 말자, 세상 모든 일은 너의 생각대로 움직이는 거야."

"희망은 봄과 같아. 어떻게든 꽃을 피우니까."

"경기장에서 친구들 표정을 봤니? 저 모습이 바로 자신을 믿는 사람들의 얼굴이야."

"포기하지만 않으면 너도 뭐든 할 수 있어."

"된다고 믿는 사람에게 희망은 가장 세련된 음악이지."

"희망은 포기하지 않는 사람의 사라지지 않는 재산이란다."

"승부를 겨루는 내내 네 눈빛이 어땠는지 알아? 정말 많이 빛나고 행복해 보였지. 오랫동안 간직한 꿈은 그 자체로 보석이란다."

가장 아름다운 교육은 일상에서 이루어집니다. 앞서 언급한 사례에서 확인한 것처럼 살아있는 희망과 꿈에 관한 이야기를 아이와 자연스럽게 나누며 자기만의 색을 표현하는 방법을 배울 수 있으니까요. 희망과 꿈의 가치를 믿고 살았던 대문호 괴테는 늘 이렇게 말했습니다.

"만약 지금 별이 떨어진다면
그건 내가 원했기 때문이지."

꿈과 희망을 간직한 사람이라면 정말 가슴이 떨리는 말이죠. 그 소중한 가치를 아이들에게도 위에 소개한 말을 통해 전해주세요.

PART 3

독서와 가까워지는 대화 11일

독서를 좋아하는 아이로 만드는 부모의 말

많은 부모가 지금도 치열하게 고민하는 문제가 있습니다.

"어떻게 하면 아이가 책을 읽게 할 수 있나요?"

본격적으로 독서를 논하기에 앞서 야망에 대해서 잠시 이야기하죠.

"야망을 품어라!"

주로 젊은이들에게 이런 말을 자주 합니다. 욕심이 너무 심각하게 없는 아이를 볼 때면 걱정되는 마음에 야망의 필요성을 말하기도 하죠. 그러나 본질은 이 질문에 있습니다.

"야망을 이루려면 무엇이 필요한가요?"

아이들의 야망이 실제로 이루어지려면 반드시 '인내심'이 필요합니다. 인내심 없이는 그 무엇도 이룰 수 없기 때문이죠. 따라서 야망 그 자체에 집중하기보다는 인내심에 주목해서 대화를 나누는 게 좋아요. 인내심을 갖추면 무엇이든 성취할 수 있고, 아이는 저절로 자신의 야망을 키우고 또 이루면서 살게 됩니다. 언제나 껍데기가 아닌 알맹이를 봐야 문제를 해결할 방법을 찾을 수 있습니다.

같은 방식으로 이렇게 질문해보죠.

"독서를 하려면 무엇이 필요할까요?"

여러분은 뭐라고 생각하세요? 의자와 책, 공간과 시간을 말할 수 있겠죠. 하지만 본질을 보면 전혀 다른 게 보입니다. 바로 '혼자를 견디는 내면의 힘'이 그것입니다. 야망에 인내심이 필요하듯 독서를 제대로 시작하기 위해서는 혼자를 견딜 수 있는 탄탄한 내면이 필요합니다.

독서는 혼자서 하는 지적 도구입니다. 스스로를 견딜 수 없으면 조금도 읽지 못하죠. 자꾸만 나가려고 하고, 같이 놀 장난감과 친구를 찾게 됩니다. 아이들이 책을 손에 잡지 못하고 독서를 하지 않는 건 결국 책이 재미없거나 주변의 문제가 아니라, 혼자를 견디지 못하는 내면에 문제가 있는 것입니다. 혼자 있는 시간을 사랑하게 되면 모든 아이는 저절로 책을 손에 잡게 됩니다.

탄탄한 내면을 만들고 혼자 있는 시간의 가치를 느낄 수 있도록 이런 식의 표현을 자주 들려주세요.

"혼자서 무언가를 오랫동안 바라본 사람은 다른 사람은 발견하지 못한 것을 볼 수 있지."

"세상에서 가장 강한 사람은 힘이 센 사람이 아니라 자신을 움직일 수 있는 사람이란다."

"저 사람은 저기에서 혼자 뭘 하고 있을까? 궁금하다. 뭐가 저 사람을 혼자 있게 만들었을까?"

"우리 저 장미꽃을 오랫동안 관찰해보자. 그럼 무언가 새로운 것을 발견할 수 있을 것 같아."

"혼자 무언가를 한다는 건 생각한다는 증거고, 생각한다는 것은 혼자 무언가를 한다는 증거지."

조금 어렵게 느껴질 수도 있어요. 그래서 더욱 아이에게 자주 들려주어야 합니다. 어려운 말도 자주 듣고 익숙해지다 보면 자연스럽고 쉽게 느껴지는 법이니까요. 아직 아이가 어려서 앞서 소개한 말을 제대로 이해하기 힘들다면 말이 아닌 부모의 삶으로 보여주는 것도 좋습니다. 위에 제시한 말을 이런 질문을 통해 아이가 이해할 수 있는 말로 바꿀 수도 있죠. "이 말을 우리 아이도 이해할 수 있게 하려면 어떻게 말해야 할까?", "어떻게 바꿔야 이해하기 쉽게 만들 수 있을까?" 늘 안 된다고 스쳐 지나가지 말고, 되는 방법을 찾을 수 있는 질문을 던지면 가능해집니다. 이렇게 방법을 생각하다 보면 내 아이만을 위한 적절한 말과 해결책을 찾을 수 있습니다.

2Day

작은 성취 경험으로 아이의 자신감을 키워주는 표현법

학교에 갔다 올 때마다 늘 풀이 죽어 있는 아이를 볼 때 부모의 마음은 답답하고 짜증도 나는 게 사실입니다. 자신감이 없어서 발표도 제대로 해본 적이 없고, 경쟁에서도 늘 져서 완전히 기가 죽어 있는 상태로 하루를 보내죠. 그러다가 가끔 이런 소리를 하면 가슴이 터질 것만 같죠.

"나는 대체 잘하는 게 왜 하나도 없는 걸까?"

"나는 왜 이렇게 잘난 것 하나 없는 사람일까?"

자신감이 없어 소심한 아이는 스스로 그걸 잘 알고 있어서 늘 우울한 표정으로 지내며 의기소침해지기 일쑤입니다. 아무리 긍정의 말로 응원을 해도 전혀 달라지지 않고, 부모가 억지로 그런 말을 한다는 사실을 직감해 오히려 기가 더 죽기도 합니다. 그런 아이의 기를 살려주고 자신감을 부여하기 위해서는 포인트를 잘 잡아야 합니다.

자신감 없는 아이에게 가장 중요한 건 단순히 긍정과 희망의 말을 듣는 게 아니라, 작은 성취의 경험을 자주 갖는 것입니다. 여기에서 중요한 점은 '어떻게 그런 경험을 제공할 것인가'입니다. 효과적인 힌트를 하나 말하자면 일의 결과를 아주 작게 세분화하여 바라보면 좋습니다. 실제로 해보면 어렵지 않습니다. 예를 들자면 이렇게 할 수 있죠. 독서를 할 때도 한 권을 다 읽는 걸 기준으로 잡는 게 아니라 페이지 단위로 독서의 기준을 작게 바꾸는 거죠. 자, 그럼 실제 사례를 통해 연습해볼까요?

"너 그 책 다 읽고 노는 거니? 넌 어쩌면 시키는 것도 제대로 못 하니!"

→ "지난주에는 10쪽 정도 읽었는데, 이번 주에는 12쪽이나 읽었네. 나날이 발전하고 있는 모습 멋져!"

"학습지 문제 다 풀었니? 엄마가 대체 몇 번을 말해야 듣니!"

→ "거봐, 하니까 달라지잖아. 지난번에는 손도 대지 못하더니 이번에는 많이 나아졌네."

어떤가요? 중요한 건 아이의 작고 사소한 부분까지 기억하고 발견하려는 부모의 의지입니다. 그래야 나아진 부분에 대한 이야기를 아이에게 말과 글로 선명하게 표현할 수 있으니까요. 어떤 경우에도 아이가 바로 급성장할 수는 없습니다. 조금씩 나아지면서 결국에는 거대한 결과를 얻게 되는 거죠. 시작은 작고 사소하지만, 미래의 아이를 생각하면 조금도 사소하지 않습니다. 자, 이제는 앞서 언급한 말과 함께 곁들여 쓰면 좋은 6가지 말을 들려드립니다. 이건 아이가 자주 오가는 길목에 붙여두고 반복해서 읽도록 하는 게 좋습니다. 익숙해지면 탄탄한 내면을 갖게 되므로 자신감 형성에 아주 좋습니다.

①"너는 언제든 마음먹은 만큼 해낼 수 있어."

②"할 수 있다는 네 생각의 힘은 매우 강하단다."

③"일단 시작한 사람은 결국 끝까지 갈 수 있지."

④"스스로를 믿으면 뭐든 해낼 수 있어."

⑤"자신감은 누가 주는 게 아니라 스스로 갖는 거야."

⑥"늘 고개를 들고 할 수 있다고 생각하자."

우리가 꼭 기억해야 할 부분은 작은 성취를 통해 아이의 자신감을 키우는 동시에, 부모 역시 스스로의 자존감과 성취감도 챙겨야 한다는 사실입니다. 아이가 떼를 쓸 때 분노하지 않기로 했다면, 비록 그 다짐에 실패했더라도 지난번보다 10초라도 더 오래 있었다면 "오늘은 10초나 더 오랫동안 내 정신을 스스로 지배했어. 정말 잘했다"라고 자신에게 말해주는 거죠. 그렇게 부모가 일상에서 작은 성공의 경험을 갖게 되면 그걸 본 아이 역시도 부모를 따라서 자기만의 작은 성취 경험을 자신에게 선물할 것이고 자연스럽게 자신감이 강한 아이로 변해갑니다. 부모의 하루는 부모에게서 끝나지 않고 그대로 아이에게로 전해진다는 사실을 기억해주세요.

마음 돌아보기

새로운 대화법으로 아이와 이야기를 나눈 후 느낀 점을 써볼까요?

아이를 자연스럽게 독서의 세계로 이끄는 3가지 말

일단 독서는 결코 쉬운 일이 아니며 쉽게 흥미를 느낄 수 있는 지적 수단이 아니라는 사실을 명심해야 합니다. 실제로 어른에게도 독서는 절대 쉽지 않죠. 아이에게는 더욱 어렵고 피하고 싶은 과정입니다. '왜 내 아이는 책을 잘 읽지 않을까?'라는 고민은 당연한 것이라는 사실을 알아야 합니다. 원래 글을 읽는 것이 어려운 일이고, 읽지 않는 것이 자연스러운 현상입니다. '우리 아이만' 책을 읽지 않는다고 생각하면 그 태도가 문제처럼 보이죠. 바로 그 지점을 인정해야 비로소 아이를 행복한 독서의 세계로 자연스럽게 이끌 수 있습니다.

그간 아이에게 했던 말을 어떻게 바꿔야 아이가 독서를 좀 더 편안하게 할 수 있을까요? 제가 제안하는 다음 3가지 말을 암기할 정도로 낭독하고 필사해주세요. 과정은 '가능의 말', '가치의 말', '변화의 말', 이렇게 총 3단계로 구성되어 있습니다. 아이를 빠르게 바꾸려고 하지 말고 최대한 시간을 두고 자연스럽게 시작해야만 더 멋진 결과를 기대할 수 있습니다.

1. 가능의 말

"그건 너에게 아직 무리야. 형아들이 읽는 책이라서 네가 읽기에는 너무 힘들어."

→ "네가 원한다면 한번 읽어보자. 모르는 글자는 넘어가고, 아는 부분만 이해하면 되지."

⇒ ______________________________

____

2. 가치의 말

"네 친구는 매일 책을 읽어서 저렇게 아는 게 많은 거야. 너도 쓸데없는 일 좀 그만하고, 가서 책이나 좀 읽어라."

→ "네가 하는 놀이에서도 충분한 가치를 찾을 수 있어. 그럼 이제 우리 책에서도 가치를 찾아볼까?"

⇒ ____

____

3. 변화의 말

"너보다 어린 동생인데 책을 저렇게 열심히 읽네! 너는 부끄럽지도 않니?"

→ "책을 억지로 읽을 필요는 없어. 다만 읽으면 달라지는 건 분명해. 앞으로 조금씩 책과 친해지면 어떨까?"

⇒ ____

____

가능성, 가치, 변화의 표현을 통해서 우리는 아이에게 매우 중요한 가치를 전할 수 있습니다. 핵심만 정리하면 이렇죠.

① 아이의 가능성을 부정하지 않고,

② 다른 아이와 비교하지 않으며,

③ 아이만의 변화를 추구하는 말로 최대한 자연스럽게 진행해주세요.

뭐든 스스로 하면 놀이가 되지만, 명령을 하면 숙제가 됩니다. 부모의 말은 최대한 명령에서 벗어나 아이를 스스로 할 수 있게 돕는 '설명의 언어'가 되어야 합니다. 독서가 왜 자신에게 좋은지,

독서가 어떤 가치를 품고 있는지, 거기에서 무엇을 찾을 수 있는지를 아이에게 차분하게 설명해주면 그걸 이해한 아이는 스스로 독서를 시작하게 됩니다.

마음 돌아보기

새로운 대화법으로 아이와 이야기를 나눈 후 느낀 점을 써볼까요?

책을 읽지 않는 아이는 부모를 읽고 있는 중입니다

오늘은 이론이 아닌 본질에 관한 이야기를 하려고 합니다. 부모는 아이가 책을 읽지 않는 그 모습만 집중해서 바라보죠. 그래서 자꾸 불만만 쌓이는 겁니다. 지금 여러분에게 꼭 필요한 글을 하나 썼습니다. 조용한 곳에서 차분하게 읽어보길 바랍니다.

아이가 책을 읽지 않는다고
너무 많이 걱정할 필요는 없어요.
단순히 책을 읽지 않는다고
아무것도 하지 않는다는 사실을
의미하는 것은 아니기 때문입니다.

다만 당신은 모르는
정말 중요한 사실이 하나 있죠.

아이가 책을 읽지 않을 때는
당신을 집중해서 읽고 있다는
근사한 사실을 기억해야 합니다.
아이는 늘 무언가를 읽고 있어요.
단지 대상이 책이 될 수도,
부모가 될 수도 있을 뿐입니다.
지금도 아이의 두 눈은
당신의 하루를 읽고 있죠.

아이가 책을 읽지 않을 때는
당신을 읽고 있다는 사실을 자각하며,
스스로의 일상이 가장 좋은 책이 될 수 있게
자신의 말과 행동을 돌아보면 됩니다.
"나는 전혀 문제없지.
늘 좋은 이야기만 들려주니까."
"나보다 좋은 부모가 어디에 있어.
우리 아이들은 늘 예쁜 말만 듣고 있지."

이렇게 자신 있게 말하는 사람도 있겠죠.

그러나 별로 먹은 것도 없는데
자꾸만 살이 찌는 게 이상해서
종일 먹은 음식을
하나하나 더해서 생각하다가
생각보다 많이 먹었다는 사실에
문득 깜짝 놀라는 것처럼,
우리의 현실은 생각과 매우 다릅니다.

당신이 하루 동안 아이 앞에서 들려주는
모든 말과 행동을 녹음이나 녹화해서 보면
생각보다 더 잘못된 언어를 구사하고,
말과 행동이 맞지 않는다는 사실에
놀라게 될 가능성이 높습니다.
물론 너무 자책할 필요는 없어요.
이상과 현실은 늘 다르니까요.

다만 사랑스러운 아이의 두 눈은 지금도
당신의 하루를 읽고 있다는 사실을

언제나 잊지 말고 기억해주세요.
당신의 한마디와 사소한 행동 하나하나가
아이 눈에는 한 줄의 글이 되어
차곡차곡 내면에 쌓이고 있습니다.

그러니 지금 당장 책을 읽지 않는다고
너무 걱정할 필요는 없습니다.
부모의 삶을 통해 좋은 글을 읽은 아이는,
다시 책을 손에 잡게 되니까요.
오늘 하루도 아이들 삶을 빛낼
가장 멋진 한 줄이 되어주세요.

5Day

아이와 그림책을 읽을 때
꼭 해야 하는 4가지 질문

많은 부모가 아이에게 그림책을 읽어주면서 이런 궁금증을 갖고 있습니다.

"지금 내가 제대로 책을 읽히고 있는 건가?"

"왜 아무리 읽어도 아이가 나아지지 않지?"

어린아이에게 읽어주는 그림책이든 초등학교 고학년 이상이 읽는 책이든 모두 마찬가지로 아무리 읽어도 아이가 나아지지 않는 이유는 간단합니다.

'그냥 읽기만 해서 그렇습니다.'

이게 대체 무슨 말이냐고 묻는 분들이 많겠죠.

아이와 함께 책의 첫 장을 읽기 시작해서 마지막 장까지 쉬지 않고 읽었다는 것은 무엇을 의미할까요? 한 권을 다 읽었으니 다음 책을 읽어야 한다는 신호일까요? 전혀 그렇지 않습니다. 중간에 아무런 생각이나 영감을 얻지 못했다는 사실을 의미합니다. 제대로 된 독서를 하기 위해서는 반드시 중간중간에 멈춰서 다음과 같은 부모의 4단계 질문을 거쳐야 합니다. 독서는 언제나 끝이 아니라 '중간'이라는 과정이 중요하고, 저는 이 과정을 '생각하는 독서'라고 부릅니다.

'생각하는 독서'를 만드는 부모의 4단계 질문

1. "이 장면에 대해서 너는 어떻게 생각하니?"
2. "다음 장면이 어떻게 될 것 같아?"
3. "그렇게 생각하는 이유는 뭐야?"
4. "네 하루에 적용하려면 어떻게 해야 할까?"

이 4단계 질문에 대한 과정을 짧게 설명하면 이렇습니다. 책 내용은 모두 다르지만 질문의 방식은 동일하게 적용이 가능하니, 다음 과정마다 제시하는 질문을 활용하면 됩니다.

1. "이 장면에 대해서 너는 어떻게 생각하니?"

만약 혼자 탐험하면서 어른으로 성장하는 고양이의 모험을 담은 책이라고 가정하면, 중간에 가장 흥미로운 부분에서 멈추고 아이에게 이런 방식으로 질문하는 거죠.

"고양이가 악당을 만난 장면에 대해서 어떻게 생각해?"

"왜 작가는 불쌍한 고양이가 악당을 만나게 했을까?"

"악당을 만난 고양이 마음은 어떨까?"

2. "다음 장면이 어떻게 될 것 같아?"

자, 지금부터가 중요합니다. 본격적으로 아이의 생각이 날개를 달고 날아가는 과정이기 때문입니다. 이런 식의 질문으로 아이의 생각을 자극해주세요.

"악당을 만난 고양이는 어떤 행동을 보일까?"

"고양이에게 어떤 특별한 무기가 있을까?"

"이 과정을 통해 고양이는 뭘 배울 수 있을까?"

3. "그렇게 생각하는 이유는 뭐야?"

지금부터는 그림책을 읽으며 느낀 모든 것을 아이 자신의 것으로 만드는 시간입니다. 이게 바로 우리가 책을 읽는 이유이기 때문에 매우 중요한 과정이라고 볼 수 있어요. 이런 방식으로 질문해주세요.

"왜 고양이가 그런 행동을 했다고 생각하니?"

"고양이의 그 무기가 왜 특별하다고 생각해?"

"그걸 배울 수 있다고 생각한 이유는 뭐야?"

4. "네 하루에 적용하려면 어떻게 해야 할까?"

그림책 독서의 끝도 마찬가지로 보고 듣고 생각한 것을 아이 자신의 삶에서 실천하는 것입니다. 이런 방식으로 아이에게 질문하면 자연스럽게 실천하는 하루가 가능해집니다.

"고양이에게 배운 도전정신을 네 하루의 어느 부분에서 실천할 수 있을까?"

"너도 너만의 무기를 만들려면 하루를 어떻게 살아야 할까?"

"책을 읽고 가장 해보고 싶었던 것을 하루 중 언제 실천하면 좋을까?"

모든 그림책의 주제와 이야기는 서로 다르지만, 내용을 분석해서 던지는 질문의 원칙은 비슷하니, 4단계로 나눠서 제시한 질문 모두를 필사한 후에 자주 보이는 곳에 붙이세요. 그리고 아이와 그림책을 읽을 때마다 적용해주면 됩니다. 처음에는 익숙하지 않아 질문하는 게 쉽지 않을 수도 있습니다. 하지만 아이 성장에 결정적인 영향을 주는 일이며, 동시에 독서를 통해 얻을 수 있는 가장 귀한 것을 발견하게 하는 과정이니 꼭 실천해주세요.

부모의 4가지 질문을 통해서 아이는 그간의 읽는 방식에서 벗어나 '생각하는 독서'를 시작하게 됩니다. 생각의 혁신이 이루어지는 것입니다. 이 과정은 빠르면 빠를수록 좋으므로 4세 이후의 아이라면 언제든 당장 시작하는 게 좋습니다. 초등학교에 입학하기 전에 이 훈련이 되어 있어야 뛰어난 문해력을 바탕으로 이후의 공부에서 두각을 나타낼 수 있습니다. 물론 초등학교 입학 이후에 시작해도 괜찮습니다. 다만 너무 늦지 않게 시작해주세요. 아이의 지적 성장에 좋은 것을 굳이 뒤로 미룰 필요는 없으니까요.

독서는 방법을 찾아가며 읽어야 하는 가장 창의적인 지적 수단 중 하나입니다. 그냥 읽으면 아무것도 남지 않습니다. "너무 이른 것 아닌가?"라는 생각은 접고, 4세 이후의 아이를 키우고 있다면 그림책을 읽어주면서 아이 생각을 아름답게 자극할 수 있는 4단계 질문을 해주세요. 이 과정에 익숙해지면 아이는 초등학교 입학 이후에는 혼자 책을 읽으며 스스로에게 질문을 던지고, 마침내 '생각하는 독서'를 실천하는 삶을 살 수 있게 됩니다.

읽고 멈추고 질문하고 답하며, 모든 독서는 아이를 가장 수준 높은 '지성의 대지'로 인도합니다.

"끝을 보기 위해 읽지 말고,
멈출 곳을 찾기 위해서 읽으세요."

6Day

뭘 물어도 '몰라!'라고 대답하는 아이의 생각을 깨우는 말

부모가 묻는 말에 척척 멋지게 답하는 아이도 많지만, 갑자기 어느 순간부터 그저 "몰라!"라는 말만 반복하는 아이들이 있습니다. 물론 처음부터 그랬던 아이도 있습니다. 창의적인 답변을 기대하며 질문을 해도 "몰라!", "귀찮아!"라고만 답하니 부모들의 고민은 깊어지죠. 무엇을 물어도 마치 습관처럼 '모른다'라고 답하니, 막막한 그 마음이 이해됩니다. 그런데 그건 절망이 아닌 희망의 시작입니다. 넓게 보면 '모른다'라는 표현도 수많은 표현 중 하나라고 생각할 수 있으니까요.

여기에서 부모님들이 가장 자주 하는 오해를 하나 풀어야 합니다. 그건 바로 의도적으로 대답을 하지 않는 아이는 별로 없다는 사실입니다. 부모의 질문이 귀찮아서 답하지 않는 아이는 소수입니다. 실제로 자신의 느낌과 생각을 언어로 표현할 능력이나 방법을 몰라서 어쩔 수 없이 "몰라!"라며 반항하듯 외치는 거죠. 아이 마음도 힘들기는 마찬가지입니다. 선택지가 단 하나만 있으니 자신도 괴롭죠. 여기에서 우리는 모든 아이는 나름의 생각을 갖고 있다는 사실을 떠올릴 필요가 있습니다. 그걸 꺼내지 못하는 이유는 자신의 생각에 대한 자신감이 부족하기 때문입니다. 이때 부모가 할 일은 모든 의견은 나름의 가치가 있다는 사실을 알려주는 것입니다. 그래야 '모른다'라는 자신의 외침을 곱씹으며 깊은 생각을 하게 되며, 그건 자신의 생각에 대한 자신감으로 이어지죠. 이런 식의 대화를 자주 시도해주세요.

"이 책에서 어떤 부분이 기억에 남았니?"
"몰라! 없어!"
아이가 이렇게 답할 때는 부모가 이런 식으로 질문하면 됩니다.
"엄마는 이 부분이 기억에 남더라. 왜 그럴 것 같아?"
"지혜로운 주인공이 참 멋졌어, 너는 그렇게 생각하지 않았어?"

그럼 아이는 이런 식으로 응수하겠죠.
"치, 그걸 누가 몰라! 나도 그런 생각은 했어."

이때가 바로 아이의 생각에 자신감을 부여하며 바깥으로 꺼낼 기회입니다. 이런 식으로 이야기를 전해주세요.

"와, 정말? 그렇구나. 엄마에게 네가 생각한 이야기 좀 들려줄래? 엄마랑 같은 생각이라니 정말 반가워서 그래."

그럼 아이는 잠시 망설일 수도 있지만 이내 용기를 내서 자신의 생각을 말할 것입니다. 생각보다 수준 높은 내용의 이야기를 해서 부모를 놀라게 해줄 가능성도 있죠. 아이가 평소에 대답을 길게 하지 않는다고 생각조차 하지 않고 살았던 것은 아니었으니까요.

아이가 스스로 자신의 느낌과 생각을 꺼내 글과 말로 표현하지 못할 때는 부모가 이렇게 가이드를 제공하며 아이가 쉽게 답할 수 있도록 도와주어야 합니다. 못한다고 잔소리를 하는 것보다는 할 수 있게 표현의 문을 활짝 열어주는 게 좋아요. 아이가 쉽게 그 문을 열고 들어갈 수 있게 말이죠. 가만히 있으면 아무 변화도 일어나지 않습니다. 그러나 일단 시작하면 무엇이든 바꿀 수 있습니다.

7Day

책을 읽는 아이의 자세가 불량한 경우 어떻게 해야 하나요?

"그렇게 구부정한 자세로 앉으면 허리에 안 좋아!"

"책상이 있는데 왜 구석에 누워서 읽는 거야!"

아이들이 책을 읽는 건 참 좋은데, 자세가 좋지 않아서 자꾸만 잔소리를 하게 됩니다. 그러면서도 한편으로는 걱정하죠. '이러다가 잔소리를 듣기 싫어서 오히려 책을 읽지 않게 되는 건 아닐까?' 하고 말입니다. 이러지도 저러지도 못하는 애매한 상황에 놓인 부모가 참 많습니다. 네, 맞아요. 지금 고개를 끄덕이는 당신만의 문제가 아닙니다.

저는 가장 중요한 것부터 하나하나 체크하고 싶습니다. 불량한 자세를 지적할 수 있게 된 근본적인 이유는 어디에서 출발했죠? 독서죠. 아이가 책을 읽지 않았다면 그런 자세를 취하지도 않았을 테니까요. 중요한 건 일단 책을 읽는 아이를 존중해야 한다는 사실입니다. 요즘 시대에 돈을 줘도 억지로 시킬 수 없는 일을 스스로 해내고 있는 거니까요. 물론 독서는 좋아하는데 올바른 자세로 읽지 않을 때, 아이의 자세를 교정할 필요는 있어요.

하지만 앞서 언급한 것처럼 이때 순서를 제대로 파악해야 합니다. 모든 아이의 일상에서 일어나는 다른 행동 역시 이와 같은 방식으로 교정을 하는 게 좋으니 지금부터 집중하길 바랍니다. 보통 책을 누워서 읽는 아이에게 이렇게 말하죠.

"너 내가 앉아서 읽으라고 했지! 올바른 자세에서 책도 제대로 읽을 수 있는 거야. 엄마 말 잘 알겠어?"

물론 좋은 의미가 담긴 말입니다. 하지만 이렇게 다가가면 아이가 아예 독서 자체에서 멀어질 수도 있어요.

"치, 책 안 읽고 말지!"

"책도 내 마음대로 못 읽나!"

책을 누워서 읽는 아이의 자세를 바르게 하려면, 먼저 더 소중한 가치에 대한 칭찬을 하면서 덜 소중한 것을 교정하면 됩니다. 반드시 이 말의 원칙을 기억해야 합니다. 이렇게 말하는 거죠.

"네가 책 읽는 모습을 보면 참 차분하고 멋져. 그런데 누워서 읽으면 눈에 안 좋으니까 앉아서 읽는 건 어떨까? 그럼 하나의 그림처럼 멋진 풍경이 나올 것 같아."

독서를 즐기지 않는 아이를 독서를 사랑하게 만드는 건 정말 어려운 일이라서, 반대로 생각해보면 이보다 소중한 가치는 없다고 생각할 수 있습니다. 하지만 자세를 고치는 건 반복과 습관으로 독서보다는 쉽게 해낼 수 있는 일이죠. 이 차이를 인식하고 아이에게 말해야 합니다. 더 소중한 것을 유지하며 덜 소중한 것의 가치와 행동을 바꾸는 거죠.

맞춤법과 띄어쓰기 역시 마찬가지입니다. 글을 쓴다는 것은 아이가 세상에서 가장 어려운 일 중 하나를 해내고 있다는 증거입니다. 글쓰기는 어른도 쉽게 해낼 수 없는 일이기 때문입니다. 하지만 맞춤법과 띄어쓰기는 반복해서 배우거나, 필사를 통해 스스로 충분히 익힐 수 있습니다. 시간이 지나면 저절로 해결이 되는 '맞춤법'이나 '띄어쓰기'에 대한 문제를 조금 빨리 억지로 해결하려고, 시간이 아무리 지나도 가르칠 수 없는 '글을 쓰며 사는 삶'의 가치를 훼손하는 건 좋지 않은 선택입니다. 늘 더 소중한 것을 인정하고 지켜준다는 원칙을 중심에 두고 대화를 나누면 실패하지 않을 것입니다.

자율성과 자기주도, 책임감의 가치를 전파하는 10분 독서의 힘

다른 것에 아무런 신경도 쓰지 않고 10분 동안 오직 독서에 몰입하는 건 어른에게도 쉬운 일이 아닙니다. 새로운 메시지가 왔는지, 각종 SNS에 댓글은 달리지 않았는지 자꾸만 확인하게 되니까요. 어른도 그러한데 유혹에 약한 아이들은 오죽할까요?

그래서 자율성과 자기주도, 책임감을 기르는 건 어려운 일입니다. 10분이든 1시간이든 자신에게 주어진 시간을 스스로 제어하고 활용할 수 있어야 얻을 수 있는 능력이기 때문입니다. 우리는 아이들에게 그 능력을 쉽게 전할 수 있습니다. 바로 하루 10분 독서를 통해서 말입니다. 10분 독서 방법은 이렇습니다.

① 하루에 10분 독서할 시간을 정합니다.

② 책을 자유롭게 선정해서 읽게 합니다.

③ 단, 중간에 아이를 감시하면 곤란합니다.

④ 10분을 아이가 모두 쓸 수 있게 해주세요.

⑤ 10분 후 아이와 자연스럽게 대화를 나눕니다.

여기서 중요한 건 ⑤번, 자연스러운 대화입니다. 다음과 같은 질문은 아이에게 매우 좋지 않아요. 감시와 불신의 기운이 묻어 있어서 그렇죠.

"딴짓 안 하고 집중해서 책 읽었지?"

"어떤 부분을 읽었는지 알려줘."

"책에서 기억에 남는 부분이 뭐야?"

마치 범인을 취조하듯 위와 같이 질문하면 아이는 듣는 순간 기분이 상하죠. 다시 책을 읽을 생각을 하지 않을 수도 있고, 스스로 통제한 '10분'이라는 시간도 잊게 됩니다. 이때 부모는 이렇게 말할 수 있어요.

"아이가 과연 10분 동안 딴짓을 하지 않을까요?"

"과연 아이가 집중해서 책을 읽었을까요?"

"우리 아이는 아마 게임이나 하면서 놀았을 거예요."

충분히 고민할 수 있는 부분입니다. 하지만 아이에게 의심이 드는 상황이라면 오히려 이런 기회를 더 자주 제공하는 게 좋습니다. 믿을 수 없다고 해서 아이를 단속하고 억지로 통제할 수는 없으니까요. 대신 스스로 자신을 제어할 수 있는 기회를 주는 게 좋아요.

10분을 즐기고 나온 아이에게 다음과 같은 이야기를 들려주세요. 그러면 자연스럽게 아이에게 좋은 마음을 전할 수 있습니다.

"10분 동안 혼자만의 시간을 즐긴 소감을 들려줄 수 있겠니?"

"네가 좋아하는 간식을 함께 먹으면서 요즘 무슨 일이 있었는지 이야기 나눠볼까?"

"멋지다, 혼자 10분이나 집중하다니! 엄마도 10분 동안 책을 읽었는데, 짧지만 꽤 의미 있는 시간이었거든."

책과 관련된 내용이나 딴짓을 했는지에 관한 이야기는 하지 않으면서 아이의 기분과 감정에 대해서만 가볍게 묻고 대화를 나누는 거죠. 다른 이야기를 묻고는 있지만, 그 안에 결국 아이가 보낸 10분이라는 시간이 녹아 있으니 이전과는 다른 아이의 참모습을 볼 수 있습니다. 게다가 아이 스스로 자신의 변화를 생각하고 체감할 수 있게 돕는 말이기에 더욱 좋습니다.

이런 식으로 매일 10분 정도 혼자 독서를 하는 시간을 갖게 되면 아이는 4가지 장점을 자신의 것으로 만들 수 있습니다.

① 10분이라는 시간을 쉽고 빠르게 자신의 것으로 만드는 능력

② 자신이 원할 때 순간적으로 집중할 수 있는 능력

③ 뭐든 스스로 시작하고 끝낼 수 있는 힘

④ 자신이 저지른 일에 대한 책임감

이처럼 독서는 단순히 지식만 얻을 수 있는 행위가 아닙니다. 무엇보다 소중한 '시간'이라는 자원을 효율적으로 활용하며 그 안에서 자율성과 책임감, 자기주도의 가치를 발견하고 자신의 것으로 만들 수 있게 되죠. 독서를 통해 이런 능력을 기르며 독서의 가치를 더욱 확장해서 인지하게 되니, 일석이조라고 말할 수 있습니다.

9 Day

아이의 책을 자꾸 정리하면 더욱 책을 읽지 않게 됩니다

'이게 대체 무슨 말이지? 책을 정리하지 말라고?'

이렇게 생각하는 분들이 많을 것입니다. 제가 이처럼 말한 이유가 무엇일까요?

먼저 책에 대한 정의를 다시 할 필요가 있습니다. 책은 보기 좋게 정리해야 빛나는 장식품이 아닙니다. 책이 존재하는 이유가 무엇일까요? 펼쳐서 읽기 위해서죠. 그렇다면 정리에 매달리는 것보다는 오히려 집안 곳곳에 최대한 널려 있는 게 좋습니다. 이유는 간단해요. 아이의 폭넓은 독서를 위해서입니다.

고정관념을 바꿔서 생각하면 이런 결론을 얻게 됩니다.

'책은 책장이 아닌 아이가 자주 머무는 곳에 있어야 한다.'

그래야 조금이라도 아이가 읽을 가능성이 높아지죠. 또한, 어디에서든 책을 읽을 수 있다는 인식도 심어줄 수 있어 좋습니다. 소파 위에, 게임기 옆에, 식탁 위에 책을 올려두면 아이가 지나가면서 책을 펼쳐보지는 않더라도 책 표지를 자주 볼 수 있습니다. 책을 아예 읽지 않는 아이라면 더욱 이 방법을 추천합니다. 독서는 책 표지를 유심히 바라보는 것에서 시작되니까요.

일단 책은 정리하는 게 목적이 아니라는 사실을 알게 되었다면 이번에는 본격적으로 어떤 책을 아이 주변에 두면 되는지 알아보겠습니다. 다음과 같은 질문을 통해 아이와 대화를 나눈 후 아이가 읽을 책을 선택하는 게 좋습니다.

"어떤 책을 읽고 싶니?"

"요즘에 무엇에 관심이 많아?"

아이가 만약 유튜버에 관심에 많다고 하면 이렇게 3가지 버전의 책을 집안 곳곳에 둡니다.

① 실제 유튜브 채널을 운영하는 사람이 쓴 책

② 유튜브 채널을 운영하진 않지만 분석한 사람이 쓴 책

③ 유튜브를 부정적으로 생각하는 사람이 쓴 책

그럼 어떤 일이 벌어질까요? 스스로 경험한 사람의 생각, 곁에서 관찰만 해본 사람의 생각, 그리고 부정적인 시선으로 본 생각 모두를 다 알게 되죠. 이를 통해 아이는 하나의 상황을 입체적으로 볼 힘을 가질 수 있습니다. 한 가지 의견이 전부가 아니며, 무언가를 제대로 이해하려면 다양한 입장에서 이야기를 들어야 한다는 멋진 사실도 스스로 깨달을 수 있죠. 이렇게 아이의 독서 역시도 부모의 말을 통해 이루어집니다.

또한, 다양한 방식의 독서를 통해 독서의 즐거움까지 알려줄 수 있습니다. 중요한 건 앞서 이야기한 기준으로 선택한 3가지 버전의 책을 집안 곳곳에 두고 치우지 않는 것입니다. 그래야 비로소 아이 자신을 위한 진짜 독서가 시작됩니다. 때로는 이렇게 상식이라고 생각한 것을 바꿔서 봐야 본질에 닿을 때가 있습니다. 독서는 글쓰기보다 더 창의적인 지적 행위입니다. 그러므로 보통의 방식이 통하지 않을 때는 이런 식으로 시각을 전환해서 문제를 다시 바라보길 바랍니다.

10Day

공부, 독서, 글쓰기를 절대로 하지 않는 아이를 바꾸는 말

저는 초등학교와 고등학교에서도 글쓰기나 독서에 대한 강연을 자주합니다. 제가 만나는 학생은 모두 다르지만, 강연을 나갈 때마다 선생님들은 잔뜩 미안한 표정으로 이렇게 말하죠.

"작가님 혹시 아이들이 글을 쓰지 않고, 질문이나 답변을 전혀 하지 않고, 반응하지 않아도 상처받지 마세요. 요즘 아이들이 원래 그렇거든요."

물론 저를 걱정해주시는 선생님의 좋은 마음이라는 것을 압니다. 하지만 저는 아이들의 가능성을 믿고 있어요. 또한 세상에 원래 그런 아이는 없죠. 강연 때마다 그런 생각으로 아이들을 대하기 때문에 강연이 끝나면 선생님의 태도도 바뀌죠. 앞으로 나와 아이들에게 이렇게 외칩니다.

“선생님은 오늘 너희들에게 감동했어. 이렇게 열심히 글을 쓰고, 멋진 질문과 답변을 하는 모습들을 보니, 선생님은 너희들이 정말로 자랑스러워!”

강연 때 제가 무슨 이야기를 했을까요? 글을 쓰지 않고 뭘 물어도 답하지 않던 아이들이 갑자기 바뀐 이유가 무엇일까요? 바로 여기에 모든 답이 있습니다. 삶의 모든 순간 아이를 대할 때, 꼭 이 마음을 담길 바랍니다.

‘세상에 글을 쓰지 못하는 아이는 없다. 독서와 질문하지 못하는 아이도 없다. 단지 부모가 아이에게 그런 기회를 제공하지 못했을 뿐이다.’

하지만 부모가 이런 생각을 하면 아이는 쉽게 바뀌지 않아요.

“이게 내 아이에게 통할까?”

“우리 애가 이런 걸 어떻게 할 수 있어?”

“갑자기 글쓰기와 독서에 빠질 리가 없지!”

시작부터 아이의 가능성을 부정하는 이런 방식의 생각은 그대로 말로 전해져서 아이가 가진 가능성마저 사라지게 만듭니다.

이 순간에도 모든 아이는 부모가 가진 기대에 최대한 부응하기 위해 노력하고 있습니다. 독서와 글쓰기를 대하는 아이의 태도를 바꾸려면 거기에 맞는 말을 들려주면 되지요.

예를 들어, "우리 아이는 참 생각이 깊고 넓어요"라고 부모가 말하면 아이들은 실제로 그렇게 되려고 이렇게 다양한 방법을 통해 노력합니다. 평소에 쉽게 말하던 습관을 고치고, 의식적으로 반복해서 생각하며, 더 멋진 생각을 말하려고 노력합니다. 물론 너무 과장되거나 억지스러운 표현은 오히려 아이를 망치기 때문에 수위를 적절히 조절해야 합니다.

이를테면 평소 목소리가 작은 아이라면 주변 사람들에게 이렇게 말하는 게 좋아요.

"우리 아이의 잔잔한 목소리를 들으면 기분 좋은 음악을 감상한 기분이랍니다."

그럼 아이는 앞으로 만나는 모든 사람에게 마치 아름다운 음악을 들려준다는 마음으로 자신의 목소리나 감각을 섬세하게 단련할 것입니다.

실제로 아이의 성격이나 인격, 그리고 인성은 부모의 말 한마디로 결정되는 경우가 많습니다. 현실을 아름답게 인정하면서 동시에 아이가 가진 장점을 부각해 말로 전해줄 수 있다면, 아이는 자신의 재능을 모두 꺼내 보여줄 수 있습니다. 독서와 글쓰기 역시 마찬가지입니다. 앞서 언급한 것처럼 지금 당장 아이는 글을 쓸 수 있고 독서에 몰입할 수도 있습니다. 단지 그런 재능과 순간을 꺼낼 말을 전하지 못했을 뿐이죠. 그래서 더욱 부모의 말이 아이에게는 살아갈 희망입니다.

11 Day

공부의 결과를 바꾸는 초등 독서법은 5가지가 다릅니다

독서를 통해 얻은 폭넓은 문해력을 바탕으로 국어와 영어, 그리고 수학을 배우면 이전과는 전혀 다른 깨달음이 아이에게 찾아옵니다. 하나를 배우면 열을 깨닫고, 영어를 배움으로써 수학의 원리까지 저절로 짐작하게 되는 놀라운 현상이 일어나기 때문입니다. 가만히 앉아서 세상에 존재하는 모든 학문과 세상이 변하는 흐름에 대한 이해도까지 높이게 되는 거죠.

결과는 위대하지만 과정은 전혀 어렵지 않습니다. 단지 책을 읽는 아이의 태도를 미세하게 바꿔줄 말을 전해주면 저절로 해결되는 문제이기 때문입니다. 그런데 왜 지금까지 실패했을까요? 다음 5가지 문제에 직면했을 때, 상황에 맞는 적절한 말을 아이에게 전하지 못해서 그렇습니다. 하나하나, 그 해결책을 전합니다.

1. 같은 책만 반복해서 읽는 아이

같은 책만 반복해서 읽는 것이 결코 나쁜 행동은 아닙니다. 다만 이렇게 말하며 아이의 생각을 자극해주면 더욱 독서 효과를 높일 수 있어요.

"계속 같은 책만 읽는 이유가 뭐니?"

"이 책이 다른 책과 다른 점이 뭐야?"

"반복해서 읽으면 뭐가 더 좋을까?"

2. 한 분야의 책만 읽는 아이

한 분야의 책만 읽는다는 것은 아이가 그 분야에 많은 관심을 갖고 있다는 확실한 증거죠. 이때는 그 분야에 더욱 깊이 들어갈 수 있게 만들어줄 적절한 말이 필요합니다.

"이 분야의 책을 읽을 때 기분이 어때?"

"무엇이 너를 그렇게 열중하게 만드니?"

"네가 읽는 분야의 책을 한 줄로 요약한다면 뭐라고 표현할 수 있을까?"

3. 책을 거의 읽지 않는 아이

책을 읽지 않는 아이는 지금 부모의 하루를 읽고 있다는 사실을 기억할 필요가 있습니다. 세상에 아무것도 읽지 않는 아이는 없습니다. 이때 아이에게는 이런 말이 필요합니다.

"오늘 하루를 책 제목으로 정한다면 넌 뭐라고 쓰고 싶니?"

"내일은 그 책에 어떤 내용을 더 추가하고 싶어?"

4. 너무 느리게 혹은 빠르게 읽는 아이

느리거나 빠른 것은 독서에서 크게 중요하지 않습니다. 제각각 그 가치를 빛낼 말을 들려주면 모두 아름다운 결과를 기대할 수 있습니다.

"책의 어떤 부분에 가장 눈길이 갔니?"

"책은 천천히 읽는 게 좋을까? 아니면 빠르게 읽는 게 좋을까?"

"가장 빠르게 넘긴 부분은 어디야? 무엇이 너를 그렇게 하게 만들었니?"

5. 수준 낮은 책만 읽는 아이

초등 고학년 아이가 저학년이 읽는 책을 보면 부모는 걱정이 되죠. 하지만 책에는 따로 수준이 없어요. 읽는 아이의 수준이 다를 뿐입니다. 어떤 책을 읽어도 수준 높은 깨달음을 얻으려면 이런 말이 필요하죠.

"다음에는 어떤 책을 읽으면 좋을까?"

"이 책을 읽는 이유가 뭐야?"

"읽으면서 어떤 생각을 많이 했어?"

지금 제시한 5가지 예시는 바라보는 관점에 따라서 부정적인 독서 태도라고 생각할 수도 있습니다. 하지만 세상에 나쁜 경우는 없습니다. 좋게 활용하지 못하는 지성만 존재할 뿐이죠. 아이가 있고 그 옆에 책이 존재한다면 모든 순간이 아이의 문해력을 키우며 공부의 결과를 아름답게 바꿀 기회입니다. 앞서 제시한 말을 기억해서 아이에게 꼭 전해주세요. 부모의 말이 바뀌면 책을 읽는 아이의 태도도 바뀝니다.

PART 4

주도성을 발견하고 만들어주는 대화 11일

1Day

"네가 한번 해볼래?"라는 말이 아이에게 미치는 기적 같은 영향

아이가 자신이 먹다 흘린 과자 부스러기를 치울 때나 책상을 정리할 때, 자신에게 주어진 일을 처리하지 못하고 느릿느릿 움직이는 모습을 보이면 부모는 '이러면 안 되는데'라고 생각은 하지만 입에서는 절로 이런 소리가 나옵니다.

"그만, 차라리 엄마가 치우는 게 낫겠다."

"어휴, 그래 널 시킨 나를 탓해야지. 저리로 가 있어. 이건 아빠가 할 테니까!"

"모르겠니? 너한테는 아직 무리야!"

"넌 그냥 가만히 있는 게 돕는 거야."

기분이 어떤가요? 듣기만 해도 부정적인 기운이 감도는 표현입니다. 부모 스스로 '이런 말은 절대 하지 말아야지!'라고 결심하지만, 무의식적으로 나오는 말을 제어하기란 쉽지 않지요. 그러나 이런 식의 말을 아이가 매일 듣고 산다고 생각해보세요. 가지고 있던 재능과 가능성마저 잃고 세상을 원망하며 살게 되겠죠. 스스로 무엇 하나도 제대로 하지 못하는 사람이라고 생각하게 되니까요. 하지만 이 어려운 문제를 단 한마디 말로 해결할 수 있습니다. 바로, "네가 한번 해볼래?"라는 말입니다.

"네가 한번 해볼래?"라는 말을 일상에서 자주 들려줘야 하는 이유는 그래야 아이의 입에서도 자기주도성 메시지가 가득 녹아 있는 말이 흘러나오기 때문입니다.

"그거 내가 해볼래!"

"제가 한번 해보고 싶어요!"

얼마나 아름다운 말인가요! 무언가를 스스로 시작하고 싶다는 말은 그것에 대한 책임까지 지겠다는 의미를 포함하고 있어 더욱 귀합니다. 비로소 아이라는 하나의 세계가 활짝 웃으며, 마치 꽃처럼 세상을 향해 열리는 광경이라고 볼 수 있어요.

부모의 역할은 아이가 스스로 어떤 일을 책임지고 주도하는 경험을 자주 만들어주는 것입니다. 그런데 다양한 이유로 오히려 그런 상황을 대폭 줄이고 있는 게 현실이죠. 물론 위험한 상황이라서 그럴 수도 있고, 일상이 바쁘니 어쩔 수 없는 것도 이해할 수 있어요. 하지만 하루에 단 몇 번이라도 이와 같은 말로 아이가 스스로 책임지는 경험을 해볼 수 있게 기회를 주는 게 좋습니다. 아래에 제시한 방식으로 아이의 발달 과정에 맞는 행동을 유도한다면 곧 놀라운 결과를 만날 수 있습니다.

"이번에는 네가 우유 한번 따라볼래? 너라면 멋지게 해낼 수 있을 거야."

"양말 정리 네가 한번 직접 해볼래? 제대로 못 해도 괜찮으니 시도해보자."

"저 유리컵 찬장에서 꺼낼 수 있겠니? 평소처럼 침착하게 하면 가능할 거야."

"이 접시 식탁에 좀 올려주겠니? 조금만 조심하면 뭐든 할 수 있지."

"네가 한번 과일 씻어볼래? 예쁜 과일이 널 환영할 거야."

어떤가요? 지금 제시한 삶의 곳곳에서 시도할 수 있는 부모의 말에는 크게 3가지 포인트가 숨어 있죠. 하나는 "네가 한번 해볼래?"라는 시도의 말이고, 또 하나는 각각의 발달 과정에 따라 다른 설정이며, 마지막으로는 아이의 가능성을 믿고 지지하는 표현이 말의 뒤를 단단하게 받쳐주고 있다는 사실입니다.

육아의 끝은 아이의 독립이라고 말하죠. 그걸 해내려면 어떻게 해야 할까요? 그렇습니다. 아이의 입에서 "그거 내가 해볼래!"라는 말이 나와야 합니다. 그 말은 곧 아이가 스스로를 돌볼 수 있다는 사실을 증명하며, 주체적인 하나의 존재로 성장하고 있다는 반가운 신호이기 때문입니다.

앞서 소개한 3가지 포인트를 기억하며 일상에서 아이에게 직접 무언가를 시도할 수 있는 기회를 줄 수 있다면, 곧 아이 입에서 이런 근사한 말이 나오는 순간을 경험하게 될 것입니다.

"그거 내가 해볼래!"

"제가 한번 해보고 싶어요!"

늦지 않았습니다. 지금부터 아이를 주체적인 하나의 독립된 존재로 성장시키는 말로 아이의 가치를 더욱 빛나게 해주세요.

그리고 또 하나, 이 사실을 잊지 말아요. 아이가 부모에게 바라는 것은 자신의 숨겨진 재능을 꺼낼 수 있는 기회를 자주 허락해 달라는 것이지, 온종일 자신의 실수를 지적하며 평가를 원하는 것은 아닙니다. 부모는 아이의 잘잘못을 가리는 심판이 아니니까요. 그래서 부모에게 아름다운 가치를 받아 근사하게 성장한 수많은 사람은, 과거 부모에게 받은 사랑을 이렇게 표현합니다.

"부모님의 변함없는 지지와 믿음,
격려 덕분에 여기까지 올 수 있었습니다.
모든 것을 제가 스스로 할 수 있도록
부모님께서 늘 믿고 기다려주셨죠.
그때마다 저는 조금씩 성장했습니다."

아이의 자기주도성을 높이는 지혜로운 칭찬의 기술

부모의 칭찬이 아이의 성장에 많은 영향을 미친다는 사실은 대부분의 부모가 알고 있지만, 아직까지 칭찬이라는 지적 도구를 제대로 활용하는 사람은 많지 않습니다. 자, 여러분도 한번 이걸 생각해보세요.

"반찬을 골고루 먹으면 착한 아이지"라는 말과 "반찬을 골고루 먹는 건 착한 일이지"라는 말은 의미상 어떤 차이가 있을까요? 부모 입장에서는 비슷하게 느껴지지만, 아이 입장에서는 전혀 다른 말입니다. 이렇게 설명할 수 있습니다.

"반찬을 골고루 먹으면 착한 아이지."

반찬이 주어가 된 것처럼 다가오는 말이죠. 그래서 아이 입장에서는 반찬을 골고루 먹지 않으면 마치 나쁜 아이가 되는 것처럼 느껴지게 됩니다.

"반찬을 골고루 먹는 건 착한 일이지."

비슷하게 느껴지지만 이 말은 아이의 행동이 주체가 되는 말이죠. 상황을 주도할 수 있게 된 아이는 저절로 자기 행동의 가치에 대해서 깨닫게 됩니다.

그래서 언제나 '아이'가 아니라 '아이의 행동'을 보며 칭찬을 해야 합니다. 이게 왜 아이의 자기주도성과 관련이 있을까요? '아이의 행동'을 보며 칭찬하기 때문에 그 과정, 즉 움직이는 동사의 순간을 언급하는 말이라서 그렇습니다. 이런 식의 말을 들으며 아이는 자신의 행동에 대한 가치를 깨닫게 되며, 자신에 대한 강한 믿음을 지적 무기로 삼아 다음 행동에 나서게 됩니다. 잘못을 저지른 상황에서 혼낼 때도 마찬가지입니다. 아이 자체가 아니라 아이가 저지른 행동을 보며 혼내는 게 좋습니다. 이렇게 말이죠.

〈아이를 혼낼 때〉

"바닥에 휴지를 버리면 나쁜 아이지."

→ "바닥에 휴지를 버리는 건 나쁜 일이지."

"수업 시간에 떠들면 나쁜 아이지."

→ "수업 시간에 떠드는 건 나쁜 일이야."

〈아이를 칭찬할 때〉

"어려운 사람을 도우면 착한 아이지."

→ "어려운 사람을 돕는다는 건 착한 일이야."

"아침에 스스로 일어나면 착한 아이지."

→ "아침에 스스로 일어난다는 건 착한 일이지."

이렇게 보면 어렵게 느껴지지만, 자세히 살펴보면 "~하는 건 나쁜(좋은) 일이지"라는 공식이 반복해서 적용된다는 사실을 알 수 있죠. 이 공식만 기억하고 있으면 일상에서 마주치는 곳곳의 장면에서 더 지혜롭게 칭찬하거나 혼낼 수 있어요. 이를 통해 자연스럽게 자기주도성을 높일 수 있죠. 보통 자기주도성을 공부로만 연관해서 언급하며 그때만 발휘할 수 있는 거라고 착각하죠. 하지만 일상의 곳곳에서 발휘할 수 있는 것이며, 이렇게 기른 자기주도성은 공부할 때도 보여줄 수 있게 됩니다. 이 부분을 명확하게 알아야 언제든 말을 통해 아이에게 필요한 모든 것을 줄 수 있습니다.

마음
돌아보기

새로운 대화법으로 아이와 이야기를 나눈 후 느낀 점을 써 볼까요?

3Day

부모가 허락하면 아이의 주도성이 저절로 키워집니다

"으이그! 내가 못 살아! 졸졸 따라다니며 하나하나 해줘야지."

어떤 가정을 온종일 관찰하면 깨어 있는 내내 부모가 아이들 뒤만 따라다니며 이것저것 하나하나 처리해주는 광경을 목격하게 됩니다. 반드시 아이가 해야 하는 일이지만, 하지 않은 것들을 하나하나 해주는 부모가 많은 게 현실입니다. 이를테면 이런 것들이죠. 혼자서 돌아가는 선풍기를 끄고, 아무도 없는 공간을 밝히고 있는 불을 끄고, 놀이 후 어지럽게 널려 있는 장난감을 정리하는 일 등입니다.

물론 당장은 그게 편합니다. 기다리지 않고 바로바로 집안일을 처리할 수 있기 때문이죠. 하지만 그렇게 자꾸 부모가 뒤를 따라 다니며 아이들이 해야 할 문제를 대신 해결해주면 어떤 문제가 생길까요? 크게 2가지 문제가 발생합니다.

하나는 '감정의 폭발'입니다. 부모도 결국 감정이 있는 인간입니다. 그렇게 대신 정리하고 치우다가 결국에는 폭발해서 아이에게 분노하게 되죠. 지금 말없이 아이가 해야 할 일을 대신해서 하는 부모는, 일상이라는 대지에 폭탄을 하나하나 쌓고 있는 거라고 보면 됩니다. 스스로 그 무게를 견디지 못하게 되는 어느 날, 분노가 화산처럼 폭발해버리죠.

또 하나의 문제는 이보다 더 심각한 내용입니다. 바로 아이가 자신의 일상을 주도하지 못하게 된다는 사실입니다. '주도성'이라는 매우 중요한 삶의 무기를 잃게 되기 때문에 나중에 공부나 인간관계에서 심각하게 고생할 가능성이 높아지죠.

다음과 같이 부모의 말을 바꾸면 저절로 아이의 주도성을 최고치로 올려줄 수 있습니다. 부모의 한마디로 움직이지 않던 아이를 스스로 움직이게 할 수 있으며, 도전하지 않고 안주하던 아이에게도 도전정신을 전할 수 있습니다.

"방에서 나올 때는 선풍기 끄라고 했지!"

→ "네가 알아서 선풍기 끌 때마다 참 멋지다는 생각이 들어."

"놀이가 끝나면 정리하라고 했지!"

→ "놀이가 끝나고 정리할 때마다 스스로 해내는 네가 자랑스러워."

"나갈 때는 불을 끄고 나가야지!"

→ "방에서 나갈 때 불을 끄는 너를 보면 대견해서 엄마는 저절로 행복해지더라."

그럼 이렇게 되물을 수 있을 겁니다.

"어쩌죠? 우리 아이는 불을 알아서 끄거나, 장난감을 혼자 정리한 적이 한 번도 없는데요!"

그럴 땐 어떤 말을 들려줘야 할까요? 아주 중요한 부분입니다. 처음부터 주도성을 가지고 있는 아이는 별로 없으니까요. 이럴 때는 약간의 인내심을 갖고 희망의 말을 들려주면 됩니다. 바로 이런 순서로 말이죠.

① 아이가 불을 끄지 않고 정리를 하지 않았음을 인지했을 때 바로 가

서 정리하거나 불을 끄지 마세요.

② 불이 켜진 상태로 그대로 두고, 장난감도 어질러진 상태로 그대로 두세요.

③ 그리고 아이에게 이런 이야기를 들려주세요.

"엄마는 네가 알아서 불을 끄는 모습이 정말 보고 싶어."

"가지고 놀았던 장난감을 스스로 치우면 얼마나 더 예쁠까?"

"혹시 깜빡 잊은 거라면 지금이라도 불을 꺼도 괜찮아."

결국 스스로 해내는 아이로 키우고 싶다면 이렇게 자꾸만 주도성을 키울 수 있는 방법을 찾아서 대화를 시도해야 합니다. 그럼 결국에는 내 아이만을 위한 가장 지혜로운 답을 찾을 수 있습니다. 이런 과정을 통해 아이는 자신이 해야 할 일을 스스로 멋지게 해내게 되죠.

선순환은 여기에서 멈추지 않아요. 그렇게 스스로 해내는 일상을 살면서 아이는 도전하며 원하는 것을 성취하는 사람으로 성장하게 됩니다. 이 모든 것이 제목에서 말했듯 부모가 인내심을 갖고 허락하면 가능한 변화입니다. 부모가 믿고 기다리면 아이는 결국 스스로 해냅니다.

억지로 하는 양보는 아이의 내면을 망칩니다

"친구들에게 피해를 주면 안 되지!"

"네가 좀 양보하면 되겠네!"

이런 말이 아이에게 위험한 이유가 뭐라고 생각하세요? 바로 이 모든 것이 억지 양보라는 사실에 있습니다. 영문도 모른 채 양보를 하게 되면 일상의 주도권을 상대에게 뺏겨 끌려다니게 됩니다. 뭘 하든 상대의 눈치를 먼저 보게 되죠. 물론 더 좋은 의견이 있다면 자신의 의견을 굽힐 줄 알아야 하고, 상대와 의견이 다를 때는 양보도 필요합니다. 하지만 무조건 양보하는 건 매우 다른 이야기입니다. 기본적으로 양보의 3가지 조건을 아이에게 알려주는 게 좋습니다. 양보의 3가지 조건은 다음과 같습니다.

① 양보에도 한계가 있다.

② 분명한 이유를 밝혀야 한다.

③ 모든 손해를 한 사람이 떠안지 않는다.

그리고 아래의 글을 아이와 함께 읽고 필사하며, 그 의미를 마음에 담을 수 있게 격려해주세요.

"그 사람이 무엇을 양보하는지를 보면
그 사람이 무엇을 가졌는지 알 수 있지."

⇒ ______________________________

____

"좋은 양보는 희생이 아니라, 인격과 인성에서 나오는 거란다."

⇒ ______________________________

____

"우리는 타인의 눈에서 그의 마음을 볼 수 있고,
말에서는 그의 인격을 볼 수 있지."

⇒ ______________________________

____

"대화는 단순한 생각의 통로가 아니라,

한 사람의 삶을 보여주는 지성의 출구란다."

⇒ ______________________________

____

"지성과 인격은 하나의 몸이지.

올바른 인격을 보여주며

우리는 수준 높은 지성을 얻을 수 있어."

⇒ ______________________________

____

____

"꽃에 각자의 향기가 있다면

사람에게는 인격이 있지.

양보는 너의 향기를 전하는 일이야."

⇒ ______________________________

____

____

"억지로 인격을 만들려는 사람에게는

반드시 강력하게 비난하는 적이 생긴단다.

뭐든 자연스러운 게 가장 아름다워."

⇒ ______________________

____

____

"자신의 장단점을 모두 아는 사람은

어떤 유혹에도 흔들리지 않지."

⇒ ______________________

____

"빛은 아주 작은 틈으로도 자신을 내보내지.

양보하는 마음도 마찬가지란다.

의지만 있다면 마음을 보여줄 수 있어."

⇒ ______________________

____

____

어릴 때부터 올바른 품성을 지닌 사람은 어른이 되어서도 타인에게 칭찬을 받으며, 노인이 된 후에도 진심에서 우러난 존경을 받게 됩니다. 그래서 양보와 배려를 가르치는 교육은 아이 삶에 매우 중요한 역할을 합니다. 다시 한번 강조하지만, 부모가 명령한 억지 양보는 양보가 아닙니다. 그 양보에는 부모의 생각만 녹아 있을 뿐이니까요. 아이는 영문도 모르고 그냥 고개를 숙였거나 차례를 양보했을 뿐입니다. 그저 그게 좋다는 부모의 말을 명령으로 생각해서 실행했을 뿐이죠.

앞서 소개한 말을 통해 아이가 스스로 '양보', '배려', '기품'이라는 단어를 정의하고 생각할 수 있게 해주세요. 그래야 분명한 자신만의 기준을 세울 수 있고, 스스로 판단을 내림으로써 진정한 양보를 할 수 있게 됩니다. 세상에서 가장 아름다운 양보는 그것이 아무리 사소한 것이라도 아이 스스로 결정한 양보입니다. 그때 양보는 빛이 나죠. 그 빛을 아이에게 허락해주세요.

부모가 죄책감을 버려야 아이가 책임감을 가질 수 있어요

아이 키가 친구들보다 작을 때, 부모는 '내가 작아서 그런가?'라고 생각하게 됩니다. 부모라면 모두 공감하게 되는 상황이죠. 죄책감의 깊이와 폭의 확장은 여기에서 끝나지 않아요. 아이가 말이 조금 느리면 '내 대화 방식에 문제가 있나?'라고 생각하게 되며, 마찬가지로 아이가 힘이 약하거나 조금이라도 건강에 문제가 생기면 그 모든 것이 나의 잘못처럼 느껴져서 죄책감에 잠시도 편안하게 쉬지 못하죠. 자다가도 벌떡 일어나게 됩니다.

부모라면 어쩔 수 없는 상황이지만 조금 주의할 필요가 있습니다. 그런 방식의 죄책감은 다양한 상황에서 아이를 이렇게 만들기 때문입니다.

① 실수에 대한 책임을 부모에게 전가한다.

② 새로운 도전 앞에서 망설인다.

③ 희생과 인내라는 가치를 영영 모르게 된다.

이는 부모가 아이의 모든 약점이나 단점을 자신의 책임으로 돌리면 맞이할 수밖에 없는 아이의 현실입니다. 부모의 지나친 죄책감은 아이가 모든 상황에서 일어난 실수를 부모에게 전가하게 만듭니다.

우리가 죄책감을 느끼는 이유의 본질이 어디에 있을까요? 바로 '중간'에 있습니다. 단점은 적고 장점이 많은 아이가 되어, 중간 이상은 가는 아이로 자라길 바라는 마음에서 바로 죄책감이 탄생하는 거죠. '아, 저 부분만 좀 없어지면 좋겠는데! 그럼 중간은 갈 수 있을 것 같은데'라는 생각이 '다 나 때문이지!'라는 죄책감으로 이어지는 것입니다.

하지만 그렇게 '부모의 죄책감'이라는 배를 타고 도착한 곳에는 무엇이 없을까요? 맞아요. 앞서 언급한 것처럼 '책임감'이 없습니다. 이것이 바로 불행의 시작이죠. 사소한 일 하나라도 거기에서 책임감을 느껴야 비로소 '나의 일'이 되는데, 죽는 날까지 그런 책임감을 가진 경험이 없어서 '남의 일'만 하는 삶을 살게 되니까요.

'중간 이상은 가는 아이'가 아니라 '자신의 길을 가는 아이'로 키우겠다는 태도가 필요합니다. 책임감은 자신의 길을 걸어갈 때만 발견할 수 있는 가치이기 때문입니다. 아이가 만약 말이 느리거나 몸집이 왜소하다면, 또래보다 힘도 약하고 자신감이 없다면, 그런 아이의 모습에 대한 죄책감을 느끼기보다는 다음과 같은 말을 들려주며 스스로의 삶에 책임감을 갖도록 도와주는 것이 지혜로운 방법입니다.

"부족한 부분은 희생과 인내를 통해 얼마든지 극복할 수 있어."

"모든 실수는 아름다워. 다 너의 것이기 때문이지."

"너에게 주어진 시간이 10분밖에 없다면 10분 동안 할 수 있는 일을 하면 되지."

"꽃과 곤충, 동물이 각자의 일을 하듯 사람에게도 모두 각자의 역할이 있단다."

"몸집이 커서 유리한 운동도 있고, 몸집이 작아야 유리한 운동도 있지."

"선택은 언제나 우리의 몫이야. 우리는 늘 무언가를 할 수도 있고, 반대로 하지 않을 수도 있어."

세상에는 작고, 연약하고, 낮은 것들이 많이 존재합니다. 하지만 그건 사람들이 스스로 편하려고 규정한 것에 불과해요. 모든 사물에는 각자의 역할이 있고, 그 역할 안에서는 누구보다 강하고 근사하죠. 바로 이 사실을 앞서 소개한 말을 통해 아이에게 알려주세요. '작아서 못해!'가 아니라, '작아서 더 잘할 수 있는 게 있지!'라는 생각을 할 수 있다면 그 아이는 평생 누구도 짐작할 수 없는 놀라운 것들을 창조하며 살아갈 것입니다.

6Day

아이가 배운 것을 실천하게 만드는 부모의 말

어떤 아이는 주어진 일을 멋지게 처리하는데, 어떤 아이는 같은 나이에 비슷한 환경에서 자랐어도 배운 것을 일상에서 실천하거나 활용하지 못해 부모의 마음을 아프게 하고 불안하게 만듭니다.

'왜 우리 아이는 실천을 하지 않는 걸까?'

'배우기만 하고 응용은 전혀 못하네?'

'아무리 배워도 나아지는 게 안 보여.'

많은 부모가 지금도 이런 문제로 고민하죠. 대체 이유가 뭘까요? 간단합니다. 아이는 부모의 말과 행동이 하나가 될 때 비로소 그 가치를 깨닫고 실천합니다. 아이가 아무리 대단한 무언가를 배워도 일상에서 실천하지 않고 머뭇거린다면, 잘못은 아이가 아닌 부모의 말과 행동에 있을 가능성이 높으니 자신을 먼저 돌아보세요. 그리고 아이의 실천력을 망치는 3가지 말을 다음과 같이 바꿔서 사용해주세요.

"넌 아직 어려서 무리야. 그건 못하니까 포기해."

→ "한번 도전해볼까? 못하면 그 다음에 또 하면 되지."

"너, 다음에는 국물도 없어. 이번에만 특별히 봐주는 거야"

→ "다음에는 좀 더 나아질 거야. 우리 다음을 함께 기대해보자."

"내가 너 그럴 줄 알았다. 까불다가 다칠 줄 알았어!"

→ "많이 아프지? 그래도 너무 실망하지는 마. 다쳤다는 건 도전했다는 멋진 증거이니까."

부모가 일상에서 아래와 같은 이야기를 자주 하는 건, 아이에게 '불행'이라는 주사를 놓는 일과 같아요.

"휴, 더워 죽겠네."

"진짜 피곤해서 죽겠다!"

"너무 힘들어서 죽을 것 같다."

"그냥 생긴대로 사는 거야!"

"인생 뭐 별거 없어!"

"그냥 잠이나 자!"

"티도 안 나는데 뭐하러 고생해!"

아이가 배운 것을 실천하고 활용하게 하려면 부모의 말이 조금 더 희망을 품어야 합니다. 희망에 근접한 말을 자주 들려주면 아이는 창조와 실천의 삶을 시작합니다.

마음 돌아보기

새로운 대화법으로 아이와 이야기를 나눈 후 느낀 점을 써볼까요?

7Day

잔소리와 고성이 끊이지 않는 집 vs 자발적인 의지로 움직이는 집

독자 여러분도 아마 공감할 것입니다. 어떤 시각 어떤 날만 되면 잔소리와 아이 우는 소리가 나는 집이 있죠. 잘 들어보면 부모가 하는 말과 아이가 받아치는 말에서 나쁜 공통점을 발견할 수 있습니다. 아마 계속 듣고 있으면 저절로 이런 생각이 들 겁니다.

'저 가족은 왜 서로에게 저런 표현을 들려주는 걸까?"

'왜 저렇게 서로에게 못되게 말하는 거지?"

'싸우려고 작정한 사람처럼 말하네."

부모가 말하는 표현을 조금만 바꿔도 아이의 귀에 들리는 뉘앙스는 완전히 달라집니다. 학교에 가기 전에 옷을 갈아입지 않는 아이에게 "너, 마지막 명령이야! 당장 옷 갈아입도록 해!" 이렇게 군인처럼 지시하는 것보다는 "설마 잠옷을 입고 학교에 갈 생각은 아니지?"하는 식으로, 위트를 더해서 말하면 좋은 결과를 기대할 수 있어요.

"절대 안 된다는 거 몇 번을 말하니?"

"그만하자! 셋만 셀 거야! 하나, 둘, 셋!"

"이제 진짜 경고하는 거야! 봐주는 건 없어!"

이렇게 분노하면서 고통을 가하는 것보다는 선택과 그로 인한 결과를 이해할 수 있게 돕는 것이 아이에게 좋습니다.

아이가 게임을 너무 많이 해서 걱정인 부모는 자꾸만 모든 일을 게임에 연결해 생각하고, 아이를 억압하며, 제어하려는 뉘앙스의 말을 쓰게 됩니다.

"네 방 제대로 청소하지 않으면 게임 이제 못한다."

그러나 이런 표현을 듣고 기분 좋은 사람은 없겠죠. 결국 아이는 청소와 게임, 그리고 부모에게까지 모두 부정적인 감정을 느끼게 됩니다. 이때 선택과 결과를 명확히 구분해서 이런 식으로 말하는 게 좋습니다.

"네가 방을 청소한 다음, 약속한 대로 게임을 30분 즐기면, 그게 우리 모두에게 최선의 결과 아닐까?"

불필요한 말싸움과 감정의 소모를 줄이면서 아이는 평온한 일상을 즐길 수 있게 되고, 동시에 다음과 같은 능력까지 갖게 됩니다.

① 행동하기 전에 차분히 생각하는 능력
② 타인의 주장을 이해하는 능력
③ 자신의 생각과 타인의 생각을 연결하는 능력

부모의 말투와 표현은 단순히 아이의 행동을 고치고, 순간적인 영향력을 행사하는 것으로 끝나지 않아요. 위의 3가지 능력을 갖게 되는 것처럼 아이 삶에 거대한 변화를 줄 수 있지요. 다시 앞서 소개한, 잔소리와 아이 우는 소리가 끊이지 않는 집을 상상해보세요. 그 집이 우리 집이 아니라고 확신을 할 수 있나요? 나는 그렇게 말하고 있지 않다고 분명히 말할 수 있나요? 여러분의 아이가 집에 있는 시간을 행복하게 보내고 있다고 확신할 수 있나요? 같은 환경에서 비슷한 삶을 살아도 집안 분위기는 천차만별입니다. 부모와 아이가 서로에게 주는 말이 다르기 때문입니다. 가장 좋은 말만 골라서 준다고 생각하면 뭐든 좋아질 수 있습니다. 수많은 열매 중에서 가장 예쁘고 가장 싱싱한 것만 뽑아서 준다고 생각하며 아이와 대화를 나눈다면 그 대화에서 나쁜 결과가 나올 수는 없습니다.

8Day

자신이 없는 아이의 자기효능감 키우는 법

이번에도 앞서서 시도했던 것처럼 시처럼 읽고 이해하는 시간을 마련했습니다. 자기효능감은 아이의 주도성을 위해 반드시 필요한 삶의 재료입니다. 아이는 자신의 가치를 강력하게 믿는 만큼 성장하게 됩니다. 그 성장과 과정과 가치를 마음에 담고, 다음의 글을 읽고 필사를 통해 여러분의 것으로 만들어주세요.

'자기효능감'이란 무엇인가?
현재 자신이 아는 지식과 재능을 바탕으로,
어떤 상황에서도 일을 해결할 수 있다고
강력하게 믿는 자신감을 말한다.

아이 삶에 꼭 필요한 그 능력을
어떻게 하면 기를 수 있는 걸까?
방법은 매우 간단하다.
일단 이 문장을 기억하면 된다.

"경험한 자는 그것을 말하려고 하고,
이해한 자는 그것을 글로 쓰려고 하며,
통찰한 자는 그것을 실천한다."

그대는 지금 아이에게 원하는 그것을,
말로만 하고 있나? 혹은 실천하고 있나?

아이들이 언제나 부모의 입이 아닌,
일상을 바라보는 이유가 거기에 있다.
누구보다 지혜로운 우리의 아이들은
부모가 무엇을 통찰했는지 바라보며
그것을 배우려고 노력한다.

아이의 자기효능감을 키우기 위해
굳이 아이에게 무언가를 해줄 필요는 없다.
부모가 자신이 통찰한 것을 실천하면

근사한 부모의 모습을 보면서 자란 아이는 자신감을 키우며 강한 믿음을 갖게 되니까.

"부모의 통찰과 실천의 반복이
곧 아이의 자신감을 결정한다."

오늘 아침, 아이에게 "빨리 일어나라고 했지?"라고 외쳤다면

"너, 빨리 안 일어나니!"

"빨리 세수하고 학교 가야지!"

"빨리 움직여야 시간 맞출 수 있어!"

"너 때문에 이게 다 무슨 고생이야!"

"대체 언제쯤 잘할 수 있는 거니!"

오늘도 아이에게 '빨리'를 외치고 말았나요? 그렇게 수없이 '빨리'를 외침으로써 여러분은 원하는 것을 얻었나요? 아마 그렇지 않았을 가능성이 높겠죠. 만약 원하는 것을 얻었다면 오늘도 그렇게 '빨리'를 외칠 필요가 없었을 테니까요. 정말 다양한 방법을 아이에게 적용해봐도 아이의 삶은 쉽게 변하지 않습니다.

하지만 저에게는 제가 이미 경험했으며, 제 조언을 통해 수많은 가정에서 효과를 본 아주 생산적인 방법이 하나 있어요. 바로 대문호 괴테의 삶을 바꾼 방법이기도 합니다.

보통 아침에 아이를 깨울 때, 부모들은 이런 방식의 표현을 선택하게 됩니다.

"10분 안에 일어나지 않으면 지각이야."

"앞으로 20분 안에 밥 먹고 빨리 나가야 해!"

"시계를 봐! 제발 시계를 보고 움직이라고!"

그러나 그 모든 방법이 실패하는 이유는 뭘까요? 이유는 간단합니다. 기준 시간이 너무 길어요. 아이의 시간을 1시간이나 10분이 아닌, 1분 단위로 구분할 필요가 있습니다. 맞아요, 이 부분에서 이런 반발이 나올 수 있습니다. '아이를 1분 단위로 움직이게 하는 건 좀 무리 아닌가?', '그건 좀 너무한 거 아닐까? 아이가 분 단위로 움직여야 하는 사업가도 아닌데!' 여기에서 생각의 전환이 필요합니다. 1분 단위로 삶을 구분하는 건 아이를 재촉하고 빠르게 움직이게 하려는 것이 아닌, 1분이라는 짧은 시간도 가치가 있다는 사실을 알려주기 위해서입니다.

자, 그럼 이제 시작해보죠. 다음 말을 일상에서 적절한 때에 아이에게 자주 들려주고, 아이가 이 말에 익숙해지도록 해주세요.

"한 시간에는 1분이 60개가 있고,
하루에는 1분이 천 개가 넘게 있단다.
사랑하는 우리 ○○이, 너는 뭐든 할 수 있단다."

하지만 이때, 여전히 어떤 부모는 이렇게 생각할 수도 있습니다.

'아이의 삶을 그렇게 빡빡하게 관리해야 하나?'

하지만 전혀 그렇지 않습니다. 1분이라는 시간은 쉽게 버려지는 시간이죠. 하지만 이런 이야기를 자주 듣고 자란 아이는 일상에서 자연스럽게 이렇게 생각하게 됩니다.

"시간이 1분만 남아 있다고 그냥 버리지 말고, 1분 동안 할 수 있는 일을 찾아서 해보자."

이처럼 1분의 가치를 아는 아이가 늦게 일어나거나, 지각을 일삼는 삶을 선택하지는 않습니다. 자신이 해야 할 일을 아주 정교하게 계획해서 누구보다 시간을 가치 있게 활용하죠. 이를 통해 이전과는 완전히 다른 삶을 살게 됩니다.

매일 아침 아이와 전쟁을 치르는 가정에서 실제로 앞서 소개한 방법을 아이에게 적용한 결과, 아주 좋은 효과가 있었다고 합니다. 아이가 1분 단위로 시간을 파악한다는 것은 10분 단위로 움직이던 이전보다 자신의 시간을 10배 이상 멋지게 활용한다는 사실을 의미합니다.

가치를 알면 몸이 저절로 움직입니다. 자꾸만 서둘러야 한다고 강요만 하지 말고, 왜 서둘러야 하는지 이유를 알려주세요.

"아이에게 1분의 가치를 알려주면,
삶에서 '빨리'라는 단어를 지울 수 있습니다."

더 좋은 생각을 만드는 '과정의 언어'

아이를 스스로 생각하게 만드는 수준을 뛰어넘어서 '더 좋은 생각'을 하게 하려면 어떻게 해야 할까요? 제가 고안한 과정은 생각보다 간단해서 언어 교육을 처음 시도하는 부모도 실천하기 수월할 겁니다.

예를 들어, 지금 밖에 비가 내리고 있다고 치죠. 아이는 학원에 가기 위해서 나갈 준비를 하고 있어요. 이때 아이가 우산을 준비하지 않고 나가려 하면 부모의 입에서는 순간적으로 이런 말이 튀어나오죠.

"비오니까 우산 가지고 나가!"

사실 그리 특별한 표현은 아닙니다. 비가 오니까 당연히 우산을 가지고 나가라고 하는 거죠. 그런데 만약 아이가 집에서 빈둥거리며 아무런 생각 없이 있을 때, 표현을 조금 바꿔서 다른 말을 들려주면 어떤 일이 벌어질까요? 바로 이렇게 말이죠.

"지금 밖에 비가 내리는 것 같더라."

그럼 어떤 일이 일어날까요? 생각보다 거대한 일이 벌어집니다. 아이의 마음 상태를 간단하게 정리하면 이렇습니다.

1. 생각의 시작

아무런 생각도 하지 않다가 부모의 말을 듣고 순간 바깥을 바라보며 생각을 하기 시작합니다.

'밖에 비가 내리는구나? 얼마나 내리는지 볼까?'

2. 방법 찾기

아이들은 보통 우산 들고 다니는 걸 귀찮아하죠. 그래서 바깥을 보면서 이런 생각을 하게 됩니다.

'이 정도면 그냥 나갈 수 없겠다. 귀찮지만 우산을 가지고 나가야겠네.'

3. 더 좋은 방법 찾기

이제부터 아이는 본격적으로 자신에게 딱 맞는 가장 좋은 방법을 찾기 위해 생각하고 또 생각한 끝에 답을 찾죠.

'그런데 바람도 불지 않고 많이 내리지는 않으니까 좀 작고 가벼운 우산을 갖고 나가자.'

"비오니까 우산 가지고 나가."

이 말은 지식을 주입하는 것처럼, 혹은 명령을 내리는 것처럼 일방적입니다. 대표적인 '결과의 언어'이기 때문이죠. 결과의 언어를 들려주면 아이는 과정을 경험하지 못하게 되고, 아이에게 어떤 지적인 자극도 줄 수 없습니다. 물론 '비오니까 우산 가지고 나가'라는 말이 나쁘다는 게 아닙니다. 이보다 더 좋은 표현이 있다는 뜻이죠.

비슷한 말이지만 같은 상황에서 부모가 단순히 정보만 주며 '과정의 언어'를 들려주면, 아이는 스스로 3단계 방식으로 생각하면서 지금 현실에 딱 맞는 현명한 선택을 하는 단계에 도착합니다. 과정만 들려주면 저절로 이루어지는 마법과도 같은 변화이지요.

정말 간단하고 별것도 아닌 것처럼 느껴지지만, 아이의 삶에는 커다란 변화가 이루어지는 셈입니다. 창조성과 자율성, 환경을 읽는 힘과 지혜로운 선택의 힘 등, 앉아서 누군가에게 배워야만 이룰 수 있다고 생각했던 이 많은 것들을 일상에서 한마디 과정의 말로 충분히 기를 수 있으니까요.

여기에서 중요한 게 하나 더 있습니다. 결과의 언어가 주는 최악의 부정적인 영향력이 바로 그것이죠. 아이들에게 결과의 언어인 "우산 들고 나가"라는 말만 들려주면, 비가 내리는 어느 날 우산을 깜빡한 채 비를 맞고 돌아온 아이가 엉뚱하게 부모에게 이렇게 화를 내죠.

"왜 우산 가져가라고 말하지 않았어! 엄마 때문에 비 다 맞았잖아! 책임져!"

아이들이 누군가를 탓하며 변명하는 이유 역시 결과의 언어만 들려주었기 때문입니다. 늘 답을 줬는데 왜 이번에는 그러지 않아서 자신을 힘들게 했냐고 불평하는 거죠.

결국 우리에게 필요한 모든 것이 일상에 있습니다. 그래서 교육은 이렇듯 언제나 일상에서 방법을 찾아내야 합니다. 그래야 내 아이에게 딱 맞는 방법을 찾을 수 있어요. 늘 이런 질문을 가슴에 품고 살면 됩니다.

'이걸 우리 아이에게도 적용하려면 어떻게 해야 할까?'

그 한마디 질문이 여러분과 아이를 가장 근사한 곳으로 인도할 것입니다.

스스로 판단하고 지혜롭게 배우는 아이

주도적인 아이로 키우는

부모의 말을 배우는 마지막 날입니다.

그래서 이번에는 특별히

아이 교육에 있어서 무엇보다 중요한 이야기를

여러분에게 전하려고 합니다.

천천히 읽어가며 마음에 담기를 바랍니다.

"이건 어려우니까 피하는 게 좋아."

만약 당신이 무언가를 이렇게 표현한다면

아이들도 그렇게 살게 될 것입니다.
삶의 순간순간 만나는 어려운 일들에
굳이 '어렵다' 혹은 '힘들다'라는
이름표를 붙일 필요는 없어요.
아이들도 그 모습을 보면서
어려우니까 포기하고,
힘드니까 멈추자는 생각을 하게 됩니다.

부모의 무기력한 언어를 접하고 자란 아이는
자신도 모르게 같은 무기력한 언어를 쓰게 됩니다.
어려운 일은 그저 '어렵다'라고만,
힘든 일 역시 '힘들다'라고만 표현해주세요.

시작할지 혹은 멈출지는
아이들이 스스로 결정할 문제입니다.

어떤 것이 좋다고 말하는 일도
매우 섬세하게 표현해야 할 문제입니다.
만약 당신이 무언가를 좋다고 말하면
아이는 반대로 나머지 모든 것을

나쁘다고 생각하게 되기 때문입니다.

마찬가지로 당신이 무언가를 나쁘다고 하면
아이는 나머지 모든 것을 좋다고 생각합니다.
아이는 스스로 선택한 것처럼 보이지만
부모에 의해서 선택을 당한 것에 불과합니다.

선택이 빨랐던 것이 아니라,
포기가 빨랐을 뿐입니다.

당신은 스스로 아이에게
사소한 것만 가르친다고 생각하겠지만,
아이는 당신에게 모든 것을 배우고 있습니다.

대상을 선과 악으로 나누지 말고,
좋은 것과 나쁜 것으로 구분하지 마세요.
좋다는 판단도 아이가 스스로 해야 하며,
포기와 시작 역시도 아이의 몫이어야 합니다.
단지 아이들이 어떻게 생각하고, 또 배우는지
자세히 살펴보면 그걸로 충분합니다.

당신은 아이 교육을 위해

더 많은 것을 배울 필요가 없습니다.

아이를 더 자주 오랫동안 바라보면 됩니다.

PART 5

사회성이 쑥쑥 자라나는 대화 11일

친구와 어울리지 않고 혼자만 있는 아이

"너 또 구석에서 혼자 뭐 하는 거야?"

"구석에만 있지 말고 나와서 친구들이랑 어울려!"

"왜 자꾸 혼자서 궁상떨고 있는 거야!"

부모님들의 마음도 충분히 이해합니다. 아이가 구석에서 혼자만 놀고 있으면 이런저런 걱정을 하게 되지요. 주로 이런 걱정일 것입니다.

'사회성에 문제가 있는 건 아닐까?'

'친구 사귀는 방법을 몰라서 그런가?'

'자존감이 낮아서 저러는 걸까?'

하지만 대부분 부모의 생각과 아이의 상태는 전혀 달랐습니다.

혼자서 무언가에 집중하고 있었던 아이들의 사회성이 오히려 평균보다 높았고, 친구와의 관계도 나중에는 좋아졌으며, 누구보다 자존감이 높은 경우가 많았어요. 그런데 왜 구석에서 혼자 있었을까요? 그 이유는 의외로 간단하면서 참 근사합니다.

"아이들은 구석에서 혼자 시간을 보내며, '자기만의 구석'을 만들고 있습니다."

여러분은 사회성이 뭐라고 생각하세요? 늘 함께 있는 것을 의미하는 걸까요? 그렇지 않습니다. 사회성이란 24시간 함께 머물며 조화를 이루는 것을 의미하지 않습니다. 그래서 혼자 있는 시간이 매우 중요합니다. 혼자를 아름답게 견디며 보낸 아이가, 함께 있을 때도 그 빛을 세상에 전할 수 있기 때문입니다. 그러니 이제 여러분의 삶에서 이런 말은 삭제하는 게 아이를 위해 좋습니다.

"너도 구석에만 있지 말고, 이리로 와서 애들이랑 놀아라."

구석에서 혼자 무언가를 하는 아이를 굳이 불러서 다른 아이들 곁에 두려고 하지 마세요. 그건 아이만의 색을 지우는 나쁜 선택입니다. 아이를 믿고 바라보며 자신만의 구석을 완성할 수 있게 시간을 허락해주세요. 바라보는 것만으로도 충분해요. 그럼 곧 가장 근사한 모습으로 성장해서 당신의 마음을 행복하게 해줄 테니까요.

혼자 있는 아이는 결코 혼자가 아닙니다.
구석에서 '자기만의 구석'을 만들기 위해,
자기 자신과 함께 있는 순간을 즐기는 것입니다.
세상에서 가장 지적인 시간을 보내는
아이의 '오늘을 믿고', '내일을 기대'해주세요.

2Day

괴롭힘을 당하거나 내면이 약한 아이의 마음 힘을 키우는 말

뒤에서 머리카락을 잡아당기거나 아이의 가방을 멀리 집어 던지고 놀리는 등 아이를 괴롭히는 구체적인 행위를 목격하지 않아도, 아이가 친구들과 함께 있는 장면만으로도 상황이 어떠한지 부모의 눈에는 선명하게 보입니다.

“왜 저렇게 모든 것을 잃은 표정으로 서 있는 거야! 좀 당당하게 친구들을 이끌면 참 좋겠는데.”

“저러니 아이들이 놀리지. 우리 아이는 왜 이렇게 나약한 걸까?”

마음의 힘이 약한 아이는 어디에서도 기를 펴지 못해서 늘 무언가에 짓눌려 있다는 기분이 듭니다. 그럴 때 부모의 마음은 정말 아프고 슬프죠. 내 아이가 기를 펴고 당당하게 하고 싶은 말과 행동을 해줬으면 하는 마음이 가득해집니다. 이것은 아마 모든 부모의 바람일 것입니다.

안타깝게도 모든 아이는 학교나 주변에서 질이 나쁜 아이를 만날 수 있습니다. 집에서 나가는 순간 어떤 일이 벌어질지는 아무도 모르는 일이니까요. 물론 약한 아이를 괴롭히는 건 참 나쁜 행동입니다. 하지만 현실적으로 그럴 때마다 부모가 나서서 일일이 문제를 해결하기는 힘들죠.

얽힌 문제를 풀고 좋은 상황을 만들어야 하는데, 부모가 나서면 자꾸 복수하려는 마음이나 분노만 커집니다. 또한, 괜히 나약한 아이에게 화를 내게 되기도 합니다. 그래서 당장은 힘들더라도 말과 글을 통해서 아이 마음의 힘을 키워주는 방법이 가장 좋습니다. 다음에 제시하는 10개의 말을 낭독과 필사를 통해 아이와 함께 나누어주세요.

"모든 것을 잃어도 용기만 잃지 않으면
뭐든 멋지게 해낼 수 있단다."

⇒ ______________________________

____

"대단한 무언가를 해낼 필요는 없어.

내가 있는 곳에서

내가 지금 할 수 있는 것을 해내면 돼."

⇒ ______________________________

____

____

"어제 했던 말과 행동을 후회할 시간을 아끼면

더 좋은 내일을 만들기 위해서 쓸 수 있지."

⇒ ______________________________

____

"좋은 관계를 위해 노력하는 것도 좋지만,

자신과 가장 좋은 관계를 맺는 게 더 중요해."

⇒ ______________________________

____

"모두가 가능성이 없다고 해도

내가 희망을 품고 있는 동안에는

가능성을 볼 수 있지."

⇒ ______________________________

"고통과 실패는 다 잊어도 괜찮아.

다만 그것들이 준 교훈만은 마음에 담자."

⇒

"나는 뭐든 할 수 있지. 내가 그렇게 믿고 있으니까."

⇒

"나와 같은 사람은 세상에 아무도 없어.

그게 바로 내가 가진 가능성이야."

⇒

"한 번의 고통과 실패를

영원한 고통과 실패로 착각하지 말자."

⇒

“자신에게 가장 자랑스러운 사람이 될 수 있게

스스로를 돕는 사람이 되는 거야.”

⇒ ______________________________

____

사람은 누구나 공격성을 갖고 있어요. 다만 정상적인 사람은 자신의 공격성을 조절할 줄 알아서 상대방에게 피해가 되지 않게 제어하죠. 하지만 모든 아이가 그렇게 자신을 제어할 수 있는 것은 아닙니다. 여기에서 문제가 시작하지요. 마음의 힘이 약한 아이가 자신의 공격성을 제어하지 못하는 친구에게 괴롭힘을 당한다면 일단은 부모가 나서서 도움을 줘야 합니다.

하지만 아이 역시도 자신의 마음을 조금 더 단단하게 할 필요가 있습니다. 죽을 때까지 부모가 지켜줄 수는 없으니까요. 앞서 나온 10개의 말을 아이와 함께 낭독하고 필사하면서, 아이가 조금씩 탄탄한 내면의 소유자로 자신을 바꿀 수 있게 도와주세요. 말과 글은 부모와 아이의 삶을 바꿀 수 있습니다. 그 믿음이 가장 중요하다는 사실도 잊지 마세요.

3Day

친구를 사귀었다는 아이의 말에 들려주면 좋은 질문

"저 오늘 새로운 친구가 생겼어요!"

아이의 관점에서 이 말은 매우 행복하고 소중한 표현입니다. 아이에게 친구란 부모 다음으로 의지하고 소통할 소중한 존재이기 때문입니다. 드디어 마음을 둘 또 하나의 공간이 생긴 거죠. 그런데 간혹 우리는 그런 소중한 순간에 이런 식의 질문으로 아이 마음에 상처를 내기도 합니다.

"그 친구 부모님은 뭐 하시니?"

"집은 잘살아? 몇 동에 사는 친구니?"

이런 질문은 아예 대체할 수 있는 말이 없을 정도로 반드시 버려야 하는 표현입니다. 다른 게 아니고, 틀린 질문입니다. 아이 교육에도 매우 부정적인 영향을 미치고 인성까지 나쁘게 만들 수 있는 질문이니 확실히 버릴 필요가 있습니다. 추가로 이런 질문 역시 아이 입장에서는 최악입니다.

"그 친구 공부는 잘하니?"

"그런 나쁜 친구와는 절대 사귀어서는 안 되는 거 알지?"

'난 정말 부모가 되면 이런 질문은 하지 않겠어!'라고 다짐하지만, 부모가 되고 아이가 친구를 사귀면 자신도 모르게 이런 질문이 입술을 비집고 나옵니다. 아이를 걱정하는 마음에서 나오는 질문이라 쉽게 제어하기 힘든 게 사실입니다. 하지만 이 질문은 바꿀 수 있는 여지가 있습니다. 그나마 가능성이 조금은 보이는 질문이기 때문입니다. 이런 식으로 바꾸면 오히려 아이에게는 반가운 질문이 될 수 있습니다. 잘 읽어보고 적절히 일상에서 활용해주세요.

"그 친구는 공부는 잘하니?"

→ "어떤 흥미가 맞아서 친구가 되었니?"

"그런 나쁜 친구와는 절대 사귀어서는 안 되는 거 알지?"

→ "그 친구의 말과 행동에 대해서 너는 어떻게 생각하니?"

물론 '대체 세상에 어떤 부모가 이런 비상식적인 질문을 하나?'라고 생각할 수도 있습니다. 하지만 이런 질문은 드라마에서나 나오는 말이 아닙니다. 현실은 생각보다 조금 더 냉혹하죠. 또한, 누구든 마음을 놓을 수는 없습니다. 스스로 자각하지는 못하지만, 자신도 모르게 그런 말을 하는 부모도 있습니다. 생각보다 말이 빠르게 나오는 경우입니다. 그렇기에 늘 조심하며 아이 관점에서 말할 필요가 있어요.

내 아이가 조금 더 똑똑한 친구와 사귀기를 바라는 마음,
내 아이가 조금 더 잘사는 아이와 사귀기를 바라는 마음,
내 아이가 조금 더 행복해지기를 바라는 마음.

부모가 자신도 모르게 그런 식의 질문을 하는 이유는 결국 이런 마음 때문입니다. 아이에게 조금 더 좋은 것을 주고 싶은 욕심이 듣기 싫은 질문을 하게 만드는 거죠. 아이의 친구 문제는 다음과 같은 방식으로 접근하는 게 좋습니다. 다음 글을 낭독하고 필사하며 그 의미를 마음에 담아주세요. 그럼 아이에게 해줄 적절한 말을 스스로 찾아낼 수 있을 것입니다.

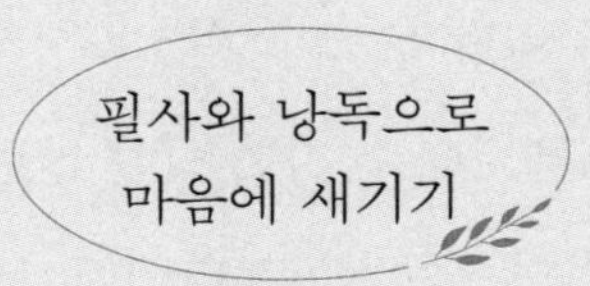

아이의 친구를 부모가 정해줄 수는 없습니다.

그건 좋은 자전거를 사는 것처럼

돈과 의지로 해결할 수 있는 문제가 아니죠.

결국 아이는 자신에게 맞는 친구를 사귀게 됩니다.

그건 어른도 마찬가지입니다.

내 마음에 맞는 사람이 내게 가장 좋은 사람이니까요.

아이의 선택과 판단을 믿어주세요.

당신의 아이는 생각보다 지혜롭고 현명합니다.

4Day

놀리는 것과 장난치는 것을 구분해야 자존감을 지킬 수 있습니다

아이들 사이에서 반복해서 나타나는 상황이 하나 있죠. 한 아이는 서럽게 울고 있고, 다른 한 아이는 "친구를 왜 울리니?"라고 묻는 주변 어른들의 질문에 이렇게 답합니다.

"그냥 장난 좀 친 건데, 재가 갑자기 괜히 울어요."

"뭐야, 왜 이런 걸로 우는 거야? 이해할 수가 없네!"

"난 아무런 잘못 없어요, 단순한 장난이었으니까요."

그럴 때 상황을 해결할 분명한 기준을 찾기가 매우 힘듭니다. '장난 좀 친 건데'라는 말에 진지하게 혼을 내기가 참 쉽지 않기 때문이죠.

이건 어른들 세계에서도 마찬가지입니다. 잔뜩 사람을 분노하게 만들어놓고 "웃자고 한 이야기에 왜 심각하게 반응하냐!"라고 하면 달리 해줄 말이 없으니까요.

하지만 이럴 때 상황을 분명히 구분하는 원칙 하나를 소개합니다. 앞으로는 이와 같은 상황에서 아이들에게 이런 이야기를 들려주면 됩니다.

"놀리는 것과 장난치는 건 다르단다. 장난은 서로 기분 좋게 웃으며 하는 거고, 놀리는 것은 누군가가 기분이 나빠지는 거야. 친구가 인상을 쓰거나 울고 있다면 너는 장난이 아니라 놀린 게 되는 거야."

장난은 아이의 즐거움과 기쁨을 전제로 하는 지적인 행위입니다. '지적'이라고 말한 이유는 장난 안에는 유머와 지혜가 녹아 있기 때문입니다. 지성이 깃들지 않은 말은 결국 장난이 아닌 놀림이 됩니다.

인생에서 가장 중요한 것은 내 기분을 파악하고 그걸 중심에 두고 사는 것입니다. 그래야 좋은 마음을 유지하며 동시에 상대를 존중하고 존중받을 수도 있죠. 그래서 누군가를 놀리는 것은 매우 야만적인 생각에서 출발한 일일 수밖에 없습니다. 한 사람이 다른 한 사람의 약점을 잡고, 자신을 과시하며 상대를 한없이 아프게 만드는 일이라 말할 수 있죠.

놀림을 자주 받은 아이는 자존감에 상처를 입게 되어 훗날 인성까지 나빠질 가능성이 높습니다. 상대에 대한 존중과 배려에서 나온 행동이 아니기에 더욱 최악의 상황을 맞이하게 되죠. 그래서 아이가 놀림을 받는 상황에서 상대에게 이런 말로 자신의 기분을 전할 수 있게 해야 합니다.

"나 지금 정말 화났어. 그만했으면 좋겠네."

"장난은 기분이 좋아야 하는데, 지금 내 기분은 점점 나빠지고 있어."

"우리 서로 듣기 좋은 말과 배려 있는 행동을 자주 하자."

"네가 앞으로 좀 주의를 해줘. 내가 원하지 않는 것들이니까."

"앞으로 그런 말은 하지 마. 내 기분을 망치는 말이니까."

"너는 장난이라고 생각하겠지만, 나는 전혀 그렇게 생각하지 않아."

처음부터 확실하게 자신의 기분을 상대에게 전할 수 있다면 '놀림'이라는 악취만 가득한 세상에 빠지지 않을 수 있고, 동시에 지성과 배려가 가득한 '장난'이라는 즐거움이 가득한 대지에 도달할 수 있습니다. 지금도 늦지 않았습니다. 시작하면 바로 달라지니, 가능성을 보며 아이에게 꼭 위에 나온 말을 들려주고 필사와 낭독으로 내면에 담게 해주세요.

인기가 없어서 고민하는 아이에게 들려주면 좋은 말

어른들도 마찬가지지만, 아이들 세계에서도 인기가 많은 사람이 되는 게 가장 큰 목표가 되기도 하고, 때로는 인기 많은 친구가 부러움의 대상이 됩니다. 그래서 간혹 어떤 아이들은 친구들의 관심을 끌고 인기를 얻기 위해 부모에게 거짓말을 해서 돈을 받거나, 부모의 돈을 훔쳐서 친구들에게 이것저것을 사주며 환심을 사려고 하는 경우도 있습니다. 그렇게 인기에 대한 아이들의 욕망은 때로 최악의 형태로 나타나기도 합니다.

그런데 대체 이유가 무엇일까요? 이 문제는 이 질문에 답하며 시작해야 합니다. 본질을 알아야 적절한 답이 보이기 때문이죠. 아이가 인기 있는 친구들을 바라보며 동경하는 이유는 '자신이 잘하는 것'은 바라보지 않고 '못하는 것'만 중점적으로 바라보기 때문입니다. 바로 이런 생각이 아이들을 힘들게 만들죠. '나는 못하는 게 이렇게 많은데, 저 친구는 저걸 엄청나게 잘하네.' 자신의 장점과 특기, 혹은 재능에 중점을 두고 생각하면 저절로 주변을 바라보는 아이의 인식이 바뀌죠. 이런 식으로 대화를 나누어주며 '자신이 잘하는 것'으로 시선을 옮겨주면 됩니다.

1. 마음에 공감하기

"나도 친구들에게 인기를 얻고 싶어! 나는 왜 인기가 없을까?"

"인기 있는 사람이 되고 싶구나? 맞아, 엄마도 그랬었지."

"정말? 엄마도 그랬어? 그럼 내 마음 이해하겠네."

"맞아, 그런데 하나만 물어볼게. 인기 있는 사람이 되면 뭐가 좋을 것 같아?"

이런 식으로 아이 마음에 다가가려 노력하면서 대화를 나누어 주세요. 인기를 얻고 싶은 마음은 나쁜 생각이 아니며, 누구에게나 있는 순수한 감정 중 하나라는 사실을 알려주시는 것이 좋습니다. 매우 중요한 지점입니다. 아이 마음을 편안하게 해줘야 고민과 힘든 문제를 숨기지 않고 편안하게 공개할 수 있습니다. 동시에 그런 사람이 되면 무엇이 좋을지 아이 스스로 생각해보도록 지도해야 합니다. 그래야 좀 더 깊이 생각할 수 있으니까요.

2. 과정 들여다보기

"그 친구들이 인기가 많은 이유가 뭘까?"

"공부랑 운동을 정말 잘해요."

"그럼 그 친구가 갑자기 공부랑 운동을 잘하게 된 걸까?"

"갑자기 잘한 것 같진 않아요. 매일 운동도 연습하고 공부도 열심히 하더라고요."

"맞아, 자기가 좋아하는 일을 꾸준히 반복한 결과겠지."

아이들이 좋아하는 연예인이나 인기 유튜버들 역시 마찬가지죠. 모든 인기는 단순히 하루아침에 탄생하는 게 아니라 그 안에는 분명한 이유가 있고, 친구들이 오랫동안 스스로 노력해서 하나하나 얻은 결과라는 사실을 알려주면 됩니다. 이를 통해 아이는 몰랐던 과정을 들여다보며 인기라는 것이 어디에서 오는지 좀 더 잘 알 수 있게 됩니다. 눈에 보이는 '결과'가 아닌, 보이지 않는 '과정'을 볼 수 있게 해주는 것이 이 과정의 핵심입니다.

3. 장점 꺼내기

"네가 가장 잘하는 건 뭐라고 생각해?"

"친구들 이야기를 잘 들어주고, 되도록 좋게 말하려고 노력하는 거야."

"맞아, 너는 남들보다 예쁘게 말하고 친구들 이야기를 잘 들어주니까 앞으로 '다정한 사람'이 되면 어떨까?"

"그런데 그걸로 인기를 얻을 수 있을까?"

"주변에 다정한 사람이 누굴까 생각했을 때 수많은 사람 속에서 네가 떠오른다면 그게 바로 인기 있는 거라고 말할 수 있지."

물론 인기 그 자체가 중요한 건 아닙니다. 이 과정에서 중요한 건, 인기를 얻으려고 없는 것을 있다고 거짓말을 하거나 인기 많은 사람을 부러워하는 건 아무런 의미가 없다는 사실을 알려주는 일이죠. 대신 자신이 가장 잘하는 게 무엇인지 제대로 알고, 계속해서 노력하는 것이 중요하다는 사실을 알려주세요. 그런 대화를 통해 아이는 진정한 인기란 무엇이며, 그것이 어디에서 오는지 알게 됩니다. 스스로 자기 삶에 집중하므로 더욱 매력적인 아이가 된다는 장점도 있죠.

간혹 방식을 착각해서 실패하는 부모가 있습니다. 처음부터 반복해서 이런 식의 말만 들려주는 것입니다.

"우리 눈에는 네가 가장 멋져!"

"너는 이미 집에서 최고 인기 스타잖아!"

"너 자신을 좋아하면 되는 거야."

이런 따스한 이야기도 물론 좋지만, 당장 인기가 절실한 아이들에게 적절한 해결책은 되기 힘듭니다. 오히려 '엄마 아빠랑은 말이 통하지 않아! 내가 뭘 바라겠어'라는 반발심이 생길 가능성이 높습니다. 자신이 가장 잘하는 것에 집중하며 반복하는 것이 곧 지혜롭게 인기를 얻는 길이며, 동시에 자신을 위해서도 좋은 방법이라는 사실을 앞서 제시한 3단계 대화법을 통해 아이에게 알려주세요. 차근차근 대화를 나누다 보면, 4주 안에 확 바뀐 아이의 모습을 만날 수 있을 것입니다.

“사이좋게 놀라고 했지!”라는 말이 아이에게 미치는 영향

어른도 그런 것처럼 아이들도 누군가와 싸우죠. 형제와 다투기도 하고, 밖에서 친구나 주변 사람들과 말다툼을 벌이기도 합니다. 그런데 이때 부모가 하는 말들 중에는 적절하지 않은 것이 꽤 많습니다. 물론 이해합니다. 싸움을 그냥 지켜보기만 할 수는 없으니 부모 입장에서는 이런 말이 아이에게 할 수 있는 최선이기도 합니다.

“사이좋게 놀라고 했지!”

“싸우지 말고 지내야지!”

그러나 ‘사이좋게’라는 말은 너무 모호합니다. 그걸 들은 아이의 희생만 강요하게 되죠. 그럼 아이는 자꾸만 자신의 생각을 잃고,

타인만 생각하는 사람으로 성장합니다. 마음속에 이런 소리가 가득하게 되죠.

'내가 더 양보해야지. 다투는 건 나쁜 거잖아.'

'친구가 실망하면 안 되는데, 걱정 때문에 잠도 안 오네.'

'내가 뭐 실수한 거 아닌가? 난 왜 늘 이러지!'

어떤가요? 생각보다 이런 아이들이 많습니다. 착하게 살아야 한다는 강박증은 자꾸 주변의 눈치를 보게 만들죠. 누가 들어도 무리한 부탁인데 친구가 실망할 것 같아서 거절하지 못하고 늘 배려하는 아이에게는, 세상에는 좋은 거절도 있다는 사실을 알려주는 게 좋습니다. 원하지 않는 승낙은 자신에게는 물론 상대에게 오히려 미안한 일이니까요. 거짓말을 하는 것과 같기 때문입니다.

"사이좋게 놀라고 했지!"라는 아이 개인의 희생만 강요하는 말보다는, 좀 더 분명한 의미가 담긴 말이 필요합니다. 그래야 아이도 그 의미를 이해하며 동시에 자신의 가치도 지킬 수 있기 때문입니다. 아래에 소개하는 말을 아이와 일상에서 나누며 활용해주세요.

"네가 그 친구를 이해하지 못한다고 해서 그 친구가 틀린 건 아니란다."

"다툼이 생기는 건 생각이 다르기 때문이지. 서로의 생각을 충분히 대화로 나눴니?"

"네가 친구 마음을 이해했다니, 엄마는 그 사실이 정말 기쁘다."

"틀리다고 생각하면 싸우게 되고, 다르다고 생각하면 이해하게 되지."

"힘으로 이기는 사람이 강한 게 아니라, 마음으로 안아주는 사람이 강한 거란다."

"아주 작은 것부터 이해하기 시작하자. 그럼 나중에는 모든 것을 이해하게 되지."

"실수를 지적하는 건 누구나 할 수 있어. 하지만 그걸 안아주는 건 친구의 몫이란다."

"판단하고 결론만 내리려고 하지 말고, 늘 왜 그렇게 하는지를 생각해보자."

"때로는 똑똑하게 말하는 것보다 참고 인내하는 시간이 필요할 때가 있어."

물론 '사이좋게'라는 말은 아름다운 표현입니다. 하지만 충분한 이해가 필요한 말이라서 억지로 혼자 설 수 없는 말이죠. 반드시 아이가 이해할 수 있게 구체적으로 설명을 해줘야 합니다. '사이좋게'라는 말 속에는 '이해'와 '사랑', '배려'와 '생각' 등 수많은 단어가 녹아 있기 때문입니다.

타인과 관계를 맺고 유지하는 것도 물론 중요하지만, 그게 한 사람의 일방적인 희생으로 이루어진다면 좋지 않습니다. 아름답지 않으니까요. 아이를 그런 상태로 만들지 않으려면 아이의 내면이 강해져야 합니다. 아이에게 위에 제시한 말을 들려주면 이전에는 생각하지 않았던 문제에 대해서 깊이 생각하게 되면서 내면의 강도가 점점 강해지게 됩니다. 아이에게 문제가 있다면 지금 바로 시작해보세요.

따돌림과 관계 악화 등 아이의 문제는 엉뚱한 곳에서 시작할 때가 자주 있습니다. 주로 좋은 의미에서 전한 부모의 말에서 엇나가는 경우가 많죠. 여기에서 소개한 말은 아이에게도 도움이 되지만, 부모 자신에게도 도움이 되는 내용이니 스스로에게도 들려준다고 생각하며 낭독과 필사를 해보는 것도 좋습니다. 부모가 흡수한 모든 것은 결국 아이에게로 전해지는 법이니까요. 아이가 소중한 만큼 당신도 소중합니다. 자신에게 가장 아름다운 언어를 선물해주세요.

7 Day

아이의 사회성을 키우는 감정과 생각의 표현법

"친구가 나랑 안 놀아줘요!"

"친구들이 나만 따돌려서 슬퍼요."

"선생님도 나를 안 좋아하는 것 같아요."

아이들의 이런 하소연을 듣는 부모의 마음은 언제나 같아요. 내 아이가 주변에 존재하는 사람들과 잘 지내면서 늘 환영받는 소중한 사람이 되기를 간절하게 바라죠. 그래서 내 아이가 나이에 맞게 사회성을 제대로 갖추고 있는지 알고 싶지만 판단하기란 쉽지 않습니다.

그 판단의 기준을 세우는 데 이 질문이 도움이 됩니다.

"사회성을 구성하는 재료가 뭐라고 생각하나요?"

바로 그 재료는 크게 3가지로 나눌 수 있습니다. 하나는 '감정'이고, 또 하나는 '생각', 마지막 재료는 '표현'입니다. 그래서 아이에게 "넌 사회성이 좀 떨어진다"라는 말을 하게 되는 경우는 주로 다음 3가지와 같습니다.

① 아이가 자신의 감정에 너무 치우쳐서 균형을 잃었을 때

② 아이가 무슨 생각을 하고 있는지 도무지 알 수 없을 때

③ 아이가 자신의 감정과 생각을 표현하지 못할 때

아이의 사회성을 높이는 일이 매우 중요한 이유는 모든 관계와 탄탄한 내면 형성에 큰 영향을 미치기 때문입니다. 또한, 사회성이 없으면 주목을 받지 못하기 때문에 자신이 가진 능력을 제대로 보여주기도 힘들죠.

그렇다면 어떻게 사회성을 키워줄 수 있을까요? 아이와 나누는 모든 일상에서 적절한 순간마다 다음에 소개하는 감정과 생각을 섞은 표현의 말을 자주 들려주는 게 좋습니다. 그럼 아이는 자연스럽게 자신의 감정과 생각을 표현할 줄 아는 사람으로 성장하게 되고, 이를 통해 기초적인 사회성을 키울 수 있습니다.

"2시간이나 책을 읽었으니 많이 피곤하겠네."

"네 표정을 보니, 배가 많이 고픈 것 같아."

"숙제를 다 끝낸 후련한 네 마음이 표정에 선명하게 적혀 있네."

"양치질하기 싫은 마음 알아. 하지만 건강을 위해서는 해야지."

"피자가 먹고 싶어서 온종일 그렇게 떼를 썼구나."

"네 목소리가 평소보다 커진 걸 보니, 그 장난감을 정말 사고 싶나 보네."

아이의 현재 모습을 그림 그리듯 말로 그려서 표현한다고 생각하면 됩니다. "피곤하니?", "배고프지?", "졸리니?" 이런 식의 말에는 감정과 생각이 담겨 있지 않아서, 자신의 감정과 생각을 선명하게 표현하는 데 별 도움이 되지 않습니다. 물론 급할 때는 그렇게 말할 수도 있지만 이런 사실을 기억할 필요가 있습니다. 지금도 아이는 부모와의 대화를 통해, 혹은 부모가 다른 사람들과 나누는 말을 통해서 사회성을 키우고 있다는 것을요.

자신감과 자존감 역시도 결국 말로 결정됩니다. 우리는 모두 '말'이라는 도구로 소통을 하니까요. 감정과 생각을 적절히 혼합해서 표현한 말을 대화에서 사용하거나, 낭독과 필사를 통해 연습하면 아주 빠르게 아이의 사회성을 키울 수 있습니다.

아이의 사회성을 키우기 위해서 따로 힘들게 무언가를 더 배우거나, 억지로 자신감을 주입할 필요는 없습니다. 아이가 가진 힘과 가능성은 모두 스스로 표현할 수 있는 말에서 나오기 때문입니다.

아이가 자신의 감정과 생각을 선명히 표현할 수 있게, 일상에서 그런 방식의 말을 자주 들려주면 됩니다. 아이라는 세상에서 가장 근사한 그림을 그린다고 생각해주세요. 그럼 아이는 삶의 모든 순간을 자신의 무대로 만들 수 있습니다.

아이의 모든 인생은 부모의 말에서 시작한다는 사실을 기억해 주세요.

❣ "아이의 사회성은
부모의 말이 결정합니다."

8Day

사회성이 부족한 아이의 자존감을 3개월 안에 높이는 5가지 말

어디에 가서 제대로 어울리지도 못하고 구석에서 방황하는 아이의 모습을 보면 부모 마음은 타들어 가죠. 사실 그 상황에서 가장 힘든 건 아이 본인인데, 부모는 그런 아이를 지켜보며 화가 나서 아이에게 윽박지르게 됩니다.

"넌 왜 이렇게 어울리지 못하니!"

"왜 당당하게 네 주장을 못 하는 거야!"

"대체 뭐가 문제야! 내가 너에게 못 해준 게 뭐야!"

하지만 그럴수록 아이는 점점 외로움이라는 구멍으로 빨려 들어가고, 더 나약해지고 자존감은 바닥을 찍게 됩니다. 그러다 결국, 최악의 패배감이 아이의 삶을 둘러싸게 되죠.

'누가 이런 나랑 놀겠어!'

'나는 왜 태어났을까?'

'내가 생각해도 난 참 바보 같아.'

왜 이런 상황이 벌어졌을까요? 시작은 '생각'에 있습니다. 조금 더 구체적으로 말하자면, 자기 생각을 선명하게 표현하지 못해서 벌어진 일이죠. 유연한 사회성과 높은 자존감의 형성은 자기 의사를 제대로 밝히고 표현할 때 시작됩니다. 스스로 생각한 것을 주변에 표현할 용기를 내지 못하면 결국 타인에게 끌려다니는 인생을 살게 되죠. 그런 삶에서 유연한 사회성이나 높은 자존감을 기대하긴 힘이 듭니다.

그때 아이에게 꼭 필요한 말이 하나 있습니다.

"제 생각은 다릅니다."

이 말이 아이 입에서 자주 나오도록 해주는 게 좋습니다. 아이 입에서 이런 말이 나온다는 것은 다음과 같은 놀라운 사실을 의미하기 때문입니다.

'남과 다른 자기만의 생각을

사진을 찍듯 가장 선명한 언어로

주변 모든 사람들에게

자신 있게 표현할 수 있게 되었다는 것.'

"제 생각은 다릅니다"라는 말을 시작으로 아이의 사회성과 자존감은 높아지게 됩니다. 한마디 말로 아이 삶에서 기적이 일어나는 것이죠. 물론 처음부터 갑자기 그런 말을 사용하게 만들기는 힘들어요. 뭐든 가치 있는 일은 해내기 어려운 법이니까요. 하지만 일상의 대화에서 아이의 생각을 자극하고 표현하게 만드는, 다음 5개의 말을 자주 활용하면 3개월 안에 분명한 변화를 경험할 수 있을 것입니다. 암기하듯 낭독하고, 필사해서 머리에 입력해주세요. 그래야 아이와의 대화에서 때를 놓치지 않고 적절하게 활용할 수 있습니다.

〈아이의 사회성과 자존감을 높이는 말〉

"네 생각은 어떠니?"

⇒ ______________________________

"너도 같은 생각이야?"

⇒ ______________________________

"너라면 어떻게 하겠니?"

⇒ ____________________

"저 사람 말이 다 옳을까?"

⇒ ____________________

"너는 조금 생각이 다를 것 같은데?"

⇒ ____________________

이런 말을 자주 듣게 되면 아이의 상태는 이렇게 변화됩니다.

→ 자기 생각이 없던 위축된 일상에서 벗어난다.

→ 스스로 생각한 것을 표현하면서 문해력이 높아진다.

→ 자연스럽게 친구들이 주변에 모이며 사회성이 좋아진다.

→ 주변 환경이 바뀌면서 자존감이 빠르게 높아진다.

스스로 자신의 생각을 선명하게 표현하면서 아이는 이전과 다른 세계를 무대로 삼아 살게 됩니다. 자신이 생각한 것을 자유롭게 표현하는 일이 모든 이에게 주어진 당연한 권리라는 사실을 아이가 느낄 수 있도록 해주는 것이 핵심입니다. 내 생각은 다를 수 있고, 다르기에 가치가 있다는 사실을 알게 되면, 누군가에게 권리를 침해당했을 때 "제 생각은 다릅니다!"라고 주장하며 자기 생각을 표현할 수 있게 되죠.

자기 목소리를 낼 수 있어야 자신의 삶을 살 수 있습니다. 가능한 한 빠르게 변화를 시도하는 게 좋습니다. 한번 굳어진 삶의 태도는 쉽게 변하지 않기 때문입니다. 앞서 소개한 5가지 말을 통해 3개월 안에 아이가 스스로 변하는 모습을 체험해보세요. 지금 시도하지 못하면 앞으로도 자기 생각을 주장하지 못하며, 점점 구석으로 밀려나게 됩니다. 언제나 지금 시작하는 게 최선입니다. 아이의 삶은 오늘도 진행 중이니까요.

친구가 없다는 사실로 혼자 고민하는 아이가 있다면

"엄마 꼭 학교 정문에서 조금 떨어져서 기다려!"

"오늘은 절대로 학교 정문 앞으로 오면 안 돼!"

갑자기 이상한 요구를 하는 아이가 수상해서 몰래 하교하는 모습을 살펴보았습니다. 햇살처럼 활기찬 표정의 아이들이 웃고 떠들며 우르르 몰려나왔는데, 잔뜩 풀이 죽은 눈으로 주변을 살피며 혼자 조용히 교문 밖으로 나오는 아이. 그래요, 아이는 자신이 함께 나갈 친구가 없다는 사실을 저에게 알려주고 싶지 않았던 것입니다.

사실 이런 이야기는 아이를 키워본 부모라면 매우 공감할 것입니다. 아이들의 친구 문제는 언제나 참 힘듭니다. 일단 그런 아이의 현실을 마주하면 지켜보는 부모 마음은 찢어질 듯 아프죠. 세상에는 햇살처럼 환하게 웃고, 좋은 말도 척척 잘하고, 표정까지 밝은 아이가 많습니다. 그런 아이를 볼 때마다 마음이 아파요.

'우리 아이는 왜 저렇게 되지 못하는 걸까?'

'왜 친구 하나 제대로 사귀지 못하는 걸까?'

'답답하네. 대체 뭐가 문제야?'

생각의 끝에서 만나는 건 언제나 '다 내 잘못이지'라는 결론입니다. 모든 것이 내 잘못인 것만 같아서 마음은 더욱 답답해집니다.

아이가 친구와 어울리는 법을 제대로 모르는 것 같아서 억지로 농구나 축구 레슨도 시키며 정기적으로 어울리게 하지만, 모든 시도는 허무하게 실패로 끝나죠. 자신감이 없으니 뭘 시켜도 빠르게 나아지지 않아서 오히려 억지로 시킨 것들이 아이 마음을 아프게 합니다.

'왜, 난 운동까지 못 하는 거야!'

'왜 친구들은 나랑 놀지 않는 걸까?'

'나도 등교할 때, 친구들이랑 같이 가고 싶은데.'

'아무리 카톡을 하고 전화를 해도 나랑 논다는 친구가 없어.'

주말이면 같이 놀 친구를 찾아 하루를 모두 허비하죠. '내 아이에게 같이 놀 친구 한 명이 없다니!' 믿기 힘든 현실에 부모 마음도 함께 무너집니다.

가끔 아이가 함께 놀 친구를 구걸하고 있는 것 같다는 슬픈 생각이 들어서 오히려 그런 아이에게 화도 납니다. 이러면 안 되는 걸 알고 있지만, 그렇지 않아도 마음 아픈 아이에게 화를 내게 되죠. 그러다 스스로가 참 못난 부모라는 생각이 들어서 하염없이 눈물도 납니다.

책을 읽으며 여러 전문가의 말도 듣고 상담까지 받았지만 크게 효과는 없었죠. 하지만 무엇보다 중요한 것은 타인의 의견이 아니라, 부모와 아이가 나누는 대화의 질입니다. 아이마다 상태도 모두 다르고 성향도 다르기 때문이지요. 그러니 우리 아이와 자주 얼굴을 마주하며 눈을 마주치는 게 좋습니다. 이런 방식으로 대화를 나누며 해결해보세요.

"친구가 많았으면 좋겠니?"

"네, 이런저런 이야기를 하면서 종일 즐겁게 놀 수 있으니까요."

"그럼 네 마음과 맞는 친구를 만나려면 먼저 뭘 하는 게 좋을까?"

"글쎄요, 잘 모르겠어요."

"먼저 네 마음을 알아야 하지. 네 마음이 어떤지 제대로 알아야 마음이 통하는 친구를 만날 수 있어. 너는 지금 친구가 없는 게 아니라, 마음이 통하는 친구를 찾는 중인 거야."

그리고 틈틈이 아이의 눈을 바라보며 이런 말을 들려주세요.

"너에게는 엄마랑 아빠가 있잖아. 우리에게 가장 먼저 너와 친구가 될 멋진 기회를 줄 수 있겠니? 우리가 늘 곁에 있을 거야. 서로의 생각을 이야기 나누고, 함께 잘 지낸다면 머지않아 네가 원하는 친구들도 많이 생길 거야."

아이들에게 친구는 정말 중요하죠. 관계 속에서 고통을 받을 때마다, 아이가 그 시간을 지혜롭게 지나갈 수 있게 내면이 탄탄해지는 말을 해주는 게 좋습니다. 자신과 함께 보내는 시간을 통해서 나에게 좋은 내가 될 때, 좋은 친구도 만날 수 있는 거니까요.

10Day

초등학교 입학 전, 건강한 자존감과 유연한 사회성을 키우는 말

사람에게는 성격이라는 게 있죠. 그런데 그 성격이 한번 자리를 잡으면 어떤 방법으로도 좀처럼 바뀌지 않습니다. 초등학교 입학 전에 아이의 자존감과 사회성을 건강하고 유연하게 만들어야 할 모든 이유가 바로 거기에 있습니다. 자존감과 사회성이 하나하나 모여서 결국 아이의 성격으로 자리 잡기 때문입니다.

일상에서 자주 들려주면 좋을 12가지의 말을 엄선해서 여러분에게 선물합니다. 아이에게 가장 좋은 마음을 전한다는 생각으로 들려주면 자존감과 사회성을 키울 수 있습니다. 출력해서 아이가 자주 다니는 곳에 붙여도 효과가 좋으니 다양하게 활용해주세요.

1.

언제나 준비를 마치고 시작할 수는 없어.
때로는 용기가 가장 멋진 준비물이지.

2.

너를 두렵게 만드는 일을
매일 하나씩 실천할 용기를 낼 수 있다면,
네가 얼마나 멋진 사람인지 알게 될 거야.

3.

누군가에게 좋은 사람이 되기에 앞서,
우리 모두 자신에게 좋은 사람이 되자.

4.

너무 힘들면 포기해도 괜찮아,
더 좋은 걸 찾으면 되니까.

5.

한쪽 문이 닫혔다는 건,

어딘가 열린 문이 있다는 증거지.

늘 희망을 보면 답이 나온단다.

6.

너는 네가 상상하는 만큼

더 강해질 수 있는 사람이야.

7.

우리 오늘도 어제처럼

서로에게 좋은 것만 주자.

8.

오늘 하루가 우리에게 주어진

가장 큰 재산이란다.

넌 뭐든 할 수 있는 아이야.

9.

모든 사람에게는 잠재력이 있어.

하지만 모두가 그걸 발휘하지는 않지.

10.

항상 옳지 않아도 괜찮아.
틀려도 된다는 부담을 버려야
또 멋지게 도전할 수 있단다.

11.

남들이 아무리 뭐라고 하든
우리는 우리 생각을 실천하면 돼.

12.

나는 할 수 없다는 생각이 들면
더 강한 마음으로 시작해봐.
그럼 할 수 없다는 마음의 소리가
점점 작아질 거야.

사회성이나 자존감에 대해서 오해하는 분들이 가끔 있습니다. 다른 사람들과 잘 어울리는 것이 높은 사회성과 강한 자존감을 증명한다고 생각하는 게 바로 그것이죠. 하지만 본질은 다른 곳에 있습니다. 바로 자신이죠. 자기 자신과 가장 잘 어울리며 좋은 마음으로 지낼 수 있어야 비로소 다른 사람과도 제대로 관계를 맺을 수 있기 때문입니다. 앞서 소개한 12가지 말을 통해 여러분의 아이는 자신의 가치와 가능성, 그리고 잠재력을 인지하게 됩니다. 어렵지 않습니다. 여러분은 그 기적의 나날을 지켜보기만 하면 됩니다.

11Day

아이가 새로운 관계와 환경에 멋지게 적응할 수 있도록 돕는 말

새로운 환경에 적응한다는 것은 아이에게 결코 쉬운 일은 아닙니다. 하지만 적절한 언어로 내면을 탄탄하게 다지면 생각보다 쉽고 빠르게 어디에서든 멋지게 적응하는 아이로 키울 수 있죠. '사회성' 파트에서 여러분은 무엇을 느꼈나요? 네, 맞아요. 사회성은 아이 스스로 개척하고 발전시키는 것이지만, 그럴 수 있는 힘을 주고 계기를 마련해주는 건 역시 부모의 말에 있습니다. 여기에 소개한 말을 읽으며 '아이에게 너무 어려운 게 아닐까?'라는 걱정은 접고, 대신 '세상에 어려운 말은 없지, 들려주지 못한 말만 있을 뿐이야'라는 희망과 가능성의 마음을 활짝 펼쳐주세요.

"하루를 시작할 때 네 기분이 행복하면 그날은 정말 좋은 일만 생기지. 사람은 스스로 먼저 행복해져야 만나는 모든 사람과 장소에서 기쁨과 좋은 결과를 만들 수 있단다."

"아무리 네가 좋아하고 믿는 사람이라도 그가 너에게 함부로 대할 때는 냉정해야 해. 너를 함부로 대하지 않도록 분명한 네 생각을 그 사람에게 전하는 게 좋지. 좋은 사람과 쉬운 사람은 다른 거란다."

"싫은 사람을 어쩔 수 없이 상대해야 할 때도 있어. 그땐 조용히 그의 이야기를 들어주는 게 좋아. 괜히 나쁜 감정과 말을 전하는 건 너에게 좋지 않거든. 가끔은 지혜롭게 스치고 지나갈 필요도 있단다."

"모두에게는 살아가는 각자의 방식이 있단다. '틀린 것'이 아니라 '다른 것'이라는 사실을 가슴에 품고 살아야 다양성을 받아들일 수 있고, 그만큼 더 넓고 깊은 네가 될 수 있지."

"주변에 마음에 들지 않는 사람이 있니? 그럼 이유는 크게 2가지라고 볼 수 있어. 하나는 그 친구를 제대로 모르기 때문이고, 다른 하나는 정말 맞지 않기 때문이란다. 정말 맞지 않는다면 만나지 말아야 하지만, 최소한 제대로 알기 위한 노력은 해야겠지."

"학교나 학원에서 혹은 친구들과의 관계에서 좋은 사람을 만나 좋은 기분을 유지하려면, 네가 먼저 호감을 주는 좋은 사람이 되어야 해. 사람은 누구나 자기를 좋아하는 사람을 좋아하고, 그런 사람에게 사랑과 믿음을 주니까."

"불평이나 비난은 굳이 할 필요가 없단다. 그것들은 악취가 나서 네가 말하지 않아도 이미 모두가 알고 있기 때문이지. 그래서 우리는 늘 좋은 부분에 대해서 말해야 해. 그건 깊은 생각이 필요한 일이라서 아무나 발견할 수 없는 귀한 것이니까."

"'나는 앞으로 무엇을 하고 싶나?', '어떤 사람이 되고 싶나?', '그렇게 하려는 이유는 무엇인가?' 이렇게 3가지 질문을 늘 품고 살면 어디에 가든 그 공간의 주인이 될 수 있어."

"무엇보다 너 자신을 믿어야 해. 물론 우리는 매일 자신에게 속지. 자신과의 약속을 매번 어기고 지키지 않으니까. 하지만 자신을 속이는 것보다 더 불행한 일은 자신을 믿지 못하는 거야. 사람은 누구나 자신을 믿는 만큼 더 큰 미래를 만날 수 있단다."

비밀을 하나 알려드릴까요? 대단한 건 아니지만, 매우 놀라운 사실입니다. 제가 아이를 위한 다양한 부모의 말과 처방을 전하면 많은 부모들이 반가운 표정으로 이렇게 답합니다. "아, 이 방법 저에게도 도움이 되네요.", "저도 같은 문제로 고민했었는데, 저한테 먼저 적용해야겠어요."

나만 너무 희생한다고 생각하지 마세요. 늘 강조하지만 아이에게 좋은 말이 부모 자신에게도 좋은 말입니다. 아이들이 하는 고민과 고통은 부모의 그것들과 다르지 않으니까요. 다만 아이에게 상황에 맞는 좋은 말을 해주고 싶지만, 예쁜 말이 나오지 않고 스스로 생각해도 못된 말만 나오는 이유는 평생 자신도 들어본 적이 없어서 스스로 듣기에도 좋은 말이 내 안에 존재하지 않기 때문입니다. 꺼내지 못하는 게 아니라, 없어서 나오지 못하는 거죠. 이번 기회에 말을 내면에 많이 담고, 적절한 때마다 꺼내서 아이의 삶을 더욱 풍성하게 만들어주세요.

PART 6

긍정적인 아이로 자라게 하는 대화 11일

삶의 곳곳에 있는 부정어를 궁정어로 바꾸는 법

"약속 안 지키려면 게임 하지 마!"

"지금 바쁜 거 눈에 안 보이니? 너무 바빠서 너랑 놀 수 없어."

"주말에는 식당을 안 하네. 짜증 나, 오늘 못 먹겠다."

"장난감 당장 정리 안 하면, 몽땅 다 버릴 거야."

우리 삶 곳곳에는 부정어가 참 많습니다. "어, 이게 왜 부정어인가요?"라고 응수할 수도 있습니다. 부정어가 나쁜 영향을 미치는 이유가 바로 거기에 있어요. 부정적인 언어가 자신과 아이에게 나쁜 영향을 준다는 사실을 알고 있지만, 인식하지 못하고 습관처럼 쓰고 있는 경우가 많기 때문입니다. 대표적인 예를 들어서 설명하겠습니다. 부정어는 이렇게 바꿔 말하면 좋아요.

"약속 안 지키려면 게임 하지 마!"

→ "약속을 지키면 내일도 게임 할 수 있어."

"지금 바쁜 거 눈에 안 보이니? 너무 바빠서 너랑 놀 수 없어."

→ "30분 정도만 기다릴 수 있겠니? 그럼 엄마가 너랑 놀 수 있을 것 같아."

"주말에는 식당을 안 하네. 짜증 나, 오늘 못 먹겠다."

→ "내일 이 시간에 다시 오면 맛있는 음식을 즐길 수 있겠다."

"장난감 당장 정리 안 하면, 몽땅 다 버릴 거야."

→ "장난감을 예쁘게 정리하면 훨씬 더 보기 좋을 것 같아."

"마스크 안 쓰면 거기 못 들어가."

→ "네가 마스크를 쓴다면 거기에 들어갈 수 있지."

"엄마가 몇 번이나 말했는데, 정말 양치질을 하지 않는구나."

→ "식사를 끝내고 양치질을 하면 충치가 생기지 않으니 더 좋을 것 같아."

"또 늦게 일어났네. 오늘 학교 또 지각이야!"

→ "어제 늦은 시간에 잠들었구나. 오늘은 조금 일찍 잠을 청하자."

물론 생각처럼 쉽지는 않습니다. 당장 아이가 아침에 늦게 일어나면 부모도 결국에는 사람이라 짜증이 먼저 나니까요. '이 녀석 또 지각이네!' 이런 걱정을 하게 되니, 긍정어를 꺼내기가 쉽지 않죠. '그런 건 책에서나 가능하지, 현실은 최악인데 말만 긍정어를 쓴다고 뭐가 좋아지겠어?'라고 생각할 수도 있습니다.

하지만 하나하나 조금씩 바꾸면 모든 게 금방 나아질 것입니다. 물론 "아이가 맨날 늦게 일어나고 느릿느릿 움직이는데 얼마나 속이 타는지 아세요!"라며 힘든 일상을 하소연할 수도 있어요. 그 힘든 마음 이해합니다. 하지만 부정어를 긍정어로 바꾸어 말하다 보면, 늦게 일어나고 자신을 제어하지 못하는 아이의 일상의 태도 역시 긍정적으로 바뀝니다. 좋은 말은 언제나 좋은 내일을 부르니까요.

마음
돌아보기

새로운 대화법으로 아이와 이야기를 나눈 후 느낀 점을 써볼까요?

2Day

아이에게 기품과 밝고 긍정적인 생각을 주고 싶다면

내 아이를 기품이 넘치고 긍정적이며, 아름다운 생각을 하는 사람으로 키우고 싶은 마음은 모든 부모의 희망일 것입니다. 그럼 한 가지만 기억하세요. 부모가 자기 삶을 귀하게 여기며 정성을 다할 때, 아이도 부모가 원하는 그 모습으로 변합니다. 아이는 그걸 어떻게 인식할 수 있을까요? 바로 자신을 향한 사랑에서 느낍니다.

사랑은 특별한 순간에 특별한 방법으로 주는 게 아닙니다. 언제나 사랑은 일상이어야 하죠. 아이는 '집 밖에서 따뜻한 부모'가 아닌, '집 안에서 따뜻한 부모'를 원하고 있어요. 믿고 의지할 수 있는 사람이 되어주기를 간절히 바라고 있답니다. 그런 따뜻한 마음을 아이에게 전하고 싶다면 일상에서 이루어지는 대화에 조금 변화를 주는 게 좋습니다. 억압과 명령의 뉘앙스로 똘똘 뭉친 감정적인 말을 이해와 배려가 가득한 말로 바꾸는 것입니다. 자, 다음 예시를 읽어보며 그 말이 과연 무엇을 의미하는지 생각해보길 바랍니다.

"너는 정말 고집을 꺾지 않는구나."

→ "스스로 무엇을 좋아하는지 잘 알고 있구나."

→ "흔들리지 않는 네 생각과 원칙이 뭔지 궁금하네."

"엄마한테 제발 좀 그만 매달려라!"

→ "지금 엄마랑 같이 있고 싶구나."

→ "엄마랑 함께 있는 시간을 좋아하는구나."

"너는 매번 실패하고 화만 내는구나."

→ "네가 잘할 수 있을 거라 믿어."

→ "정말 잘하고 싶었구나. 그 마음도 참 멋져."

기품과 밝은 성격은 사람을 대하는 태도에서 결정되며, 주로 언어를 통해 상대방에게 전해집니다. 아이들이 부모를 무례하게 대한다고 걱정하지 말고, 아이를 함부로 대하는 부모 자신의 태도를 걱정해야 합니다. 또한, 아이들의 태도에 일관성이 없다고 걱정하지 말고, 매번 기준을 바꿔서 적용하는 부모 자신의 일상을 돌아봐야 하죠.

교육이란 알지 못하는 것을 가르치는 것이 아니라, 알아야만 하는 이유를 부모의 삶으로 보여주는 행위입니다. 교육은 판타지가 아닙니다. 또한, 소설이나 공상과학도 아니죠. 일상이라는 현실에서 소소하게 펼쳐지는 이야기입니다. 부모가 보여주면 아이는 스스로 주도하며 배움에 나서죠. 자기주도성이 길러지지 않는 이유도 바로 거기에 있어요. 부모의 삶에서 무언가를 주도할 가치와 의미를 발견하지 못했기 때문입니다.

"아이의 삶에서 보고 싶은 그것을
당신의 삶에서 먼저 생생하게 보여주세요.
당신이 이런 사랑으로 자신을 이끈다면,
아이도 사랑으로 당신을 따를 테니까요."

부정적인 언어만 사용하는 아이를 바꾸는 부모의 말

모든 아이들이 어른으로 성장하면서 중간에 한 번은 거치는 과정이 있죠. 바로 부정적인 언어를 구사하는 시기입니다.

"몰라."

"안 돼."

"안 해."

"싫어."

이 시기에는 부모가 무엇을 물어도 대답은 넷 중 하나가 나옵니다. 부모는 한숨과 걱정만 늘어나죠.

'대체 커서 뭐가 되려고 그러지?'

'너무 부정적인 사람이 되는 게 아닐까?'

나중에는 이런 커다란 고민까지 하게 됩니다.

'누가 이런 아이와 의사소통을 하려고 할까?'

하지만 이 사실을 알게 되면 다른 지점이 보입니다.

'모든 아이는 긍정적 언어보다 부정적 언어를 먼저 배우게 된다는 것.'

결국 부정적인 언어만 사용한다는 것은 훗날 긍정적 언어를 사용하기 위해 누구나 거쳐야 할 하나의 과정입니다. 문제라고 생각하면 짜증이 나지만 이렇게 과정이라고 생각하면 '내 아이만을 위한 방법'을 생각하게 되죠. 그러나 어떤 아이는 매우 느리게 이 과정을 지나고, 또 어떤 아이는 죽을 때까지 부정적 언어를 사용하는 과정에서 벗어나지 못할 수도 있습니다. 따라서 부정적인 언어를 사용하는 기간을 되도록 짧은 시간에 벗어나는 게 관건입니다.

사물과 사람의 나쁜 부분은 누구나 쉽게 발견할 수 있지만, 좋은 부분을 발견하기 위해서는 생각을 해야 하기 때문에 어렵습니다. 결국 생각할 수 있는 하루를 살아야 비로소 아이는 긍정적인 언어를 쓸 수 있게 됩니다.

부모의 말로 아이의 생각을 자극해주세요. 짧게는 1개월, 길게는 3개월 정도 다음과 같은 말을 들려주면, 부정적인 의견이 차츰 차츰 줄어드는 경험을 하게 될 것입니다.

1. 주변 인식하기

"저기에는 뭐가 있을까?"

"이 반찬은 어떤 소스로 만들었을 것 같아?"

그냥 스치고 지나가면 아무것도 발견할 수가 없죠. 아이가 중간중간에 멈춰서 무언가를 바라보며 생각할 수 있게 질문해주세요.

2. 가능성 부여하기

"여기에서는 또 뭘 발견할 수 있을까?"

"다른 방법은 또 뭐가 있을까?"

모든 사건과 사물에는 나름의 가능성과 가치가 있습니다. 다만 바라보며 찾으려고 할 때만 발견할 수 있죠. 아이가 몰입할 수 있도록 도와주는 게 핵심입니다.

3. 좋은 것 고르기

"돈가스랑 김밥 중에 뭐가 더 좋아?"

"우산 가지고 나가는 게 좋을까? 그냥 모자만 써도 될까?"

좋은 것을 고른다는 것은 단순한 선택의 문제가 아닙니다. 아이가 사물의 긍정적인 부분을 찾았다는 사실을 의미하기 때문에 더욱 중요하죠. 늘 질문을 통해 하나 이상의 좋은 것을 찾을 수 있게 해주세요.

4. 이유를 찾아내기

"이유가 뭐야? 듣고 싶네. 네 생각이 궁금하다."

"먹고 또 먹어도 라면은 왜 자꾸 더 먹고 싶은 걸까?"

좋아하는 것을 하나 선택했다면, 다음에는 그 이유까지 설명할 수 있게 해주세요. 그래야 비로소 좋아하는 그 하나를 자신의 것으로 만들 수 있습니다. 뭐든 설명까지 할 수 있어야 진정으로 아는 것이라는 사실을 기억해주세요.

멈춰서 생각하고 무언가를 발견하려면, 그런 가치가 있는 질문이 반드시 필요합니다. 앞서 소개한 4단계 질문을 일상에서 적절히 변주해서 활용해주세요. 그럼 아이의 삶에서 점점 부정적인 언어는 줄고, 기적처럼 긍정적인 언어로 하루를 사는 날이 시작될 것입니다.

4Day

아이에게 긍정어를 익숙해지게 만드는 6가지 희망의 말

늘 좋은 일만 생기는 사람은 없습니다. 간혹 생각도 하기 싫은 나쁜 일도 일어나고 그때마다 분노하게 되는 게 현실입니다. 하지만 부정적인 감정에만 휩싸여 있으면 모든 손해는 자신에게 돌아옵니다. 그런 삶이 반복되면 어느새 아이는 세상과 주변 사람을 탓하며 모든 책임을 다른 곳으로 돌리는 사람으로 성장하게 되죠.

누구도 안심할 수 없습니다. 부정적인 마음과 태도는 쉽게 전염이 되기 때문에 부모가 조금만 정신을 다른 곳에 돌리고 있어도 그러한 마음이 아이의 내면을 장악해버릴 수 있기 때문이죠. 그래서 더욱 부모의 많은 관심이 필요합니다. 아이가 부정적인 생각을 하지 못하도록 부모가 일상에서 긍정의 언어를 최대한 자주 들려주며 좋은 마음과 언어에 익숙해지도록 지도해야 합니다.

긍정어에 익숙해지려면 일상에서 희망을 품고 살아야 합니다. 희망이 있는 자리에서 피는 꽃이 바로 '긍정'이기 때문입니다. 여러분에게 온갖 부정적 감정과 고통 속에서 자신을 지킬 수 있도록 돕는 6가지 희망의 말을 소개합니다. 사랑하는 아이에게 예쁜 선물을 전한다는 마음으로 일상에서 자주 들려주세요.

① "주변 상황이 좋지 않아도 우리는 늘 가장 좋은 것만 생각하자. 좋은 것만 생각하면 결국 좋은 현실을 만나게 되니까."

② "무언가 불가능하다고 느껴질 때는 일어나서 뭐라도 해보는 거야. 잘할 수 있는 것을 하면서 우리는 희망을 마음에 품게 되니까."

③ "해야 할 것이 많아서 힘들어도 간절한 마음으로 희망을 기다리자. 고통을 견뎌내고 희망을 추구한다면 마법처럼 그 바람이 이뤄질 테니까."

④ "현실이 아무리 힘들고 지쳐도 희망은 우리가 계속 앞으로 나아갈 수 있도록 사라지지 않는 거대한 힘을 주지. 희망을 잡고 있으면 뭐든 할 수 있어."

⑤ "희망은 밤하늘에 반짝이는 아름다운 별과 같아서, 사방이 암흑뿐일 때 더욱 빛난단다. 힘들 땐 희망이라는 별을 보며 가는 거야."

⑥ "정말 힘들 때는 이런 생각을 해보는 거야. '내일은 모든 게 오늘보다 나아질 거야.' 그게 바로 자신에게 희망을 주는 가장 지혜로운 방법이지."

궁정어의 중요성과 가치에 대해서 모르는 부모는 별로 없어요. 다만 현실이라는 벽에 부딪혀 긍정의 언어를 제대로 전하지 못할 뿐이죠. 부모도 사실 매일 힘들고 지쳐서 긍정어를 떠올리기 쉽지 않으니까요. 그럴 때는 아이가 스스로 긍정어를 배우고 익힐 수 있게 희망의 말을 자주 낭독하면 좋습니다. 아이에게 희망의 말을 전하며 부모 자신의 지친 마음도 치유할 수 있으니, 모두에게 좋은 영향을 줄 수 있어 더욱 좋습니다.

"긍정어는 가정의 미래를 지켜줄
영원히 사라지지 않는 자산입니다."

5Day

소리치고 짜증만 내는 아이를 긍정적으로 바꾸는 회복의 말

서둘러 식사를 준비하다가 그만 컵을 엎질러서 바닥에 물이 쏟아졌을 때, 아무리 바다처럼 마음이 깊고 넓은 사람이라도 이런 소리가 절로 나오게 됩니다.

"아, 짜증 나네. 도대체 되는 일이 없어!"

스스로 분노와 원망을 억제하고 좋은 말을 내뱉고 싶지만, 인간이라면 당연히 이런 상황에서 짜증 섞인 말이 나오기 마련입니다. 기분을 바꾸는 건 쉬운 일이 아니니까요.

하지만 부모가 이럴 때 조금만 참고 이렇게 말할 수 있다면, 곁에서 지켜보던 아이가 그 말을 들으며 같은 상황에서도 짜증을 내지 않고 상황을 해결할 방법을 찾을 수 있게 됩니다.

"어차피 바닥 청소를 할 생각이었는데, 마침 물이 쏟아졌으니 청소도 할 겸 닦으면 되겠다."

이처럼 짜증 날 수 있는 상황을 지혜롭게 넘어가는 부모의 태도와 말을 통해서 아이는 주변을 긍정적으로 바라보는 시선의 가치와 방법을 배웁니다. 하지만 그런 말을 하지 못하는 부모와 사는 아이들은 짜증만 배우며 이런 듣기 싫은 말만 하게 되죠.

"아, 싫어. 싫다고!"

"저리 가! 절대로 안 해!"

처음부터 소리를 치고 짜증을 내는 사람으로 태어난 아이는 많지 않아요. 아이의 과거 모습을 회상해보세요. 원래부터 짜증이 심하고 분노가 가득한 아이였나요? 늘 보고 듣고 경험한 것이 그런 모습들이라 상황이 더욱 심각해졌을 가능성이 높습니다. 못된 말과 분노 가득한 말을 듣고 자라서 내면에 상처를 입게 된 거죠. 아이는 아파서 소리를 치는 중일 것입니다. 그럴 때는 의식적으로 아이의 내면을 회복시킬 수 있는 표현을 자주 들려주는 게 좋습니다. 일상의 표현들을 이렇게 바꿔서 들려주는 거죠.

"아빠 지금 통화하는 거 안 보이니? 통화 끝날 때까지 조용히 있어!"

→ "아빠 통화가 3분 정도면 끝나는데, 3분만 혼자서 놀 수 있을까?"

"지금 설거지하고 있잖아! 가서 유튜브나 보고 있어."

→ "엄마가 설거지를 지금 해야 하거든. 10분만 유튜브 보고 있겠니?"

아이의 생각과 의견을 존중하는 '회복의 말'의 기본은 마음의 허락을 구하는 표현을 사용한다는 사실에 있어요. 어렵게 생각하지 마세요. 어렵다고 생각하면 자꾸만 더 어려워집니다. 의식적으로 "쉬운 일이야, 나도 쉽게 할 수 있을 거야"라고 생각해야 수월해집니다. 그럼 어떻게 해야 할까요?"

평소에 자주 사용했던 명령이나 지시를 내리는 표현을 허락을 구하는 형태로 바꾸면 바로 쉽게 완성할 수 있죠. '조용히 있어!'라는 표현을 '혼자 놀 수 있을까?'로, '보고 있어'라는 표현은 다시 '보고 있겠니?'로 바꾸는 것이죠. 이때 중요한 점은 내용이 현실적이어야 한다는 것입니다. 부모 마음은 아이가 유튜브를 보거나 게임을 하기보다는 책을 읽고 공부를 하며 기다리면 참 좋겠죠. 하지만 현실의 육아는 그런 판타지는 허락하지 않죠. 아이의 입장을 끝까지 고려한 말을 전해야 좋습니다.

다만 여기에 사소하지만 중요한 포인트가 하나 있어요. "유튜브나 보고 있어"라는 표현이 이렇게 바뀌었다는 거죠. "유튜브 보고 있겠니?" 이게 왜 중요한 지점일까요? "공부나 해", "스마트폰이나 해", "밥이나 먹어" 이런 식으로 말의 중간에 '-나'가 붙으면, 그 행위 자체가 매우 저급하게 느껴지며 존중받지 못하는 기분이 들고 듣는 이의 입장에서는 불쾌하게 들리기 때문입니다. 부모가 '-나'를 빼고 말하면 아이는 스스로 자신이 하는 행동의 가치를 느끼며, 더 좋은 기분으로 행복한 시간을 보낼 수 있습니다.

이 모든 과정은 아이를 직접적으로 교육하는 게 아니라, 부모의 말을 통해 간접적으로 이루어지기 때문에 훨씬 더 자연스럽게 할 수 있다는 장점이 있습니다. 아이 입장에서는 억지로 훈육을 받는다거나 교훈을 일방적으로 주입받는 기분을 느끼지 않으니까요. 다만, 부모가 스스로 자신의 마음의 고통을 치유하고 회복해야 아이의 아픈 마음도 치유할 수 있다는 사실을 기억해주세요. 아이의 좋은 마음은 결국 부모에게서 받은 좋은 마음에서 탄생합니다.

마음 돌아보기

새로운 대화법으로 아이와 이야기를 나눈 후 느낀 점을 써볼까요?

아이가 말을 듣지 않을 때 들려주면 좋은 6가지 공감의 말

"커서 뭐가 되려고 그러니!"라는 말은 아이의 미래 가치와 가능성을 모두 부정하는 표현입니다. 아직 말을 이해하지 못하는 아이가 들어도 특유의 뉘앙스 때문에 바로 기분이 나빠지는 표현이죠. 만약 성인들이 서로 이런 이야기를 주고받았다면, 싸움이 일어나거나 다시는 만나지 않을 정도로 거대한 후폭풍이 일어날 것입니다. 결국 말을 듣지 않는 아이의 행동에 분노를 참지 못해서, 게다가 상대가 어른이 아닌 어린아이라서 나올 수 있는 못된 표현이라고 볼 수 있습니다.

"그렇게 하면 나쁜 아이야"라는 말도 다르지 않아요. 직접적으로 아이를 '나쁜 사람'이라고 단정했기 때문입니다. 부모가 독단적으로 결론을 내린 거죠. 이런 방식의 말은 아이 교육에 도움이 되지 않습니다. 상황을 억지로 멈추게 하려는 시도보다는 아이가 "절대 싫어!", "아니야, 안 할 거야!"라고 외치며 말을 듣지 않는 이유에 귀를 기울여야 합니다.

이런 상황에서 사용할 수 있는 6가지 표현을 소개합니다. 다음 표현을 적절히 활용해서 아이 마음에 다가가면 됩니다. 낭독과 필사를 통해 여러분의 언어로 만들어주세요.

①"마음이 들지 않는 부분이 있구나.
그래, 싫은 이유가 뭐니?"

⇒ ______________________________

____

②"더 놀고 싶은데 놀지 못해서 슬펐구나.
엄마도 어릴 때 너처럼 많이 슬펐어."

⇒ ______________________________

____

③ "너는 그렇게 하고 싶었구나.
미안, 엄마는 걱정이 되어서 그런 거야."

⇒ ______________________________

④ "장난감이 그렇게 갖고 싶었구나.
얼마나 좋았으면 그렇게 간절할까."

⇒ ______________________________

⑤ "그래서 싫다고 말했던 거구나.
맞아, 이제야 아빠도 이해가 되네."

⇒ ______________________________

⑥ "너는 그런 생각을 하고 있었구나.
이번에는 네 생각대로 한번 해볼까?"

⇒ ______________________________

물론 위로와 공감이 전부는 아닙니다. 모든 장난감을 다 사줄 수도 없고, 24시간 내내 게임만 하게 둘 수도 없죠. 하지만 이것 하나는 분명히 기억할 필요가 있습니다. 바로 '순서를 지켜야 한다'라는 사실이죠. 힘들고 위험하고 도움이 되지 않는 것들을 제어하고 금지하는 것도 중요하지만, 무엇보다 먼저 해야 할 일은 아이의 마음을 향한 공감과 위로입니다. 그렇게 아이에게 다가가 이해를 해야만 아이가 말을 듣지 않는 진짜 이유를 찾아낼 수 있고, 올바로 고칠 방법을 생각해낼 수 있으니까요.

자, 앞서 나열한 6가지 공감의 말을 통해 아이 마음에 접속했다면, 이번에는 부모가 원하는 이야기를 꺼내면 됩니다. 여기에서 기억해야 할 점은 순서를 바꿔서 부모가 원하는 이야기만 전하려고 하면 문제가 해결되지 않는다는 사실입니다. 그렇게 하면 서로가 서로에게 화만 내게 됩니다.

앞서 언급한 것처럼 꼭 순서를 지켜서 아이 마음의 소리를 먼저 듣고 이해해주세요. 그런 과정을 거치면 아이 내면에서 긍정적인 변화가 시작될 겁니다. 6가지 공감의 말을 통해 아이가 스스로 '나는 괜찮은 사람이야'라고 인식하게 되었기 때문이죠. 부모가 아이에게 공감의 메시지를 전하면 그 과정을 통해 아이는 자신의 가치를 느끼게 됩니다. 서로 화만 낼 때는 '나는 나쁜 사람이야'라고 생각하게 되지만, 공감을 통해 '나는 괜찮은 사람이야'라는 긍정적인 생각을 하게 되는 것이죠. 그 과정만 이해하고 있다면 어떤 상황에서도 말을 듣지 않는 아이의 태도를 바르게 바꿀 수 있습니다.

이 과정에서 많은 부모가 이런 생각을 합니다.

'내가 어릴 때 부모님에게 받았던 잔소리와 부담을 내 아이에게는 절대 주지 말자!'

그러나 그게 생각처럼 쉬운 일은 아닙니다. 사람은 자신이 배운 언어에서 쉽게 벗어나기 힘듭니다. 자라면서 자주 들었던 말만 아이에게 전할 수 있습니다. 그래서 의식적으로 스스로를 바꾸려고 노력해야 합니다. 그렇게 해야 자신이 지금까지 받은 것을 지우고, 아이에게 주고 싶은 것을 다시 채울 수 있죠.

내 아이에게 선택할 자유를 주고, 무엇이든 도전하며 즐기는 삶을 살 수 있게 해주려면 부모가 일상에서 아이에게 가능성을 열어주는 언어를 자주 공급해줘야 합니다. 그 시작이 바로 앞서 소개한 6가지 공감의 말입니다.

7Day

모든 부정어를 긍정어로 간단하게 바꾸는 2가지 방법

자녀교육서를 읽으면 이미 다 아는 이야기처럼 느껴지고, 자녀교육 관련 영상을 봐도 실제로 잘할 수 있을 것 같은데, 일상으로 돌아가면 또다시 부정어만 남발하는 이유는 뭘까요? 아주 간단해요. 부정어는 생각하지 않아도 저절로 나오는 표현이라서 그렇습니다.

반대로 긍정어는 최소한 2번 이상 생각해야 겨우 자신을 드러내는 귀한 손님과도 같습니다. 아이의 삶을 바꿀 정도의 소중한 가치를 품고 있어서 2번의 생각이 더 필요합니다. 그 2번의 생각이란 과연 무엇일까요? 하나씩 설명하면 이렇습니다.

1. 허락을 구하는 표현으로 바꾸기

부정어의 대표적인 특징 중 하나는 명령과 지시를 의미하는 표현이 다수 포함되어 있다는 것입니다. 그게 같은 말을 더욱 부정적으로 만들죠. 최대한 아이에게 허락을 구한다는 기분으로 말을 하면 모든 말이 저절로 긍정어의 형태로 완성이 됩니다.

2. 도움을 주려는 마음을 담기

부모의 말이 부정어로 느껴지는 또 하나의 이유는 그 말에 부모의 분노와 원망이 섞여 있기 때문입니다. 그걸 지우려면 아이에게 도움을 주려고 이 말을 하고 있다는 사실을 자각하는 게 중요합니다. 도움이 되려는 마음은 온갖 부정적인 감정을 지우는 역할을 하기 때문이죠.

자, 이렇게 일상에서 자주 사용하는 대표적인 부정어를 앞서 언급한 2가지 방법으로 바꾸면 이렇게 됩니다. 긍정어는 언제나 우리 입에서 떠날 준비를 하고 있으니 습관처럼 남을 수 있도록 연습해주세요.

"똑바로 앉아서 안 먹으면 혼난다."

→ "바른 자세로 먹을 수 있다면 네 건강에 더 좋을 것 같아."

"스마트폰 한 번만 더 보면 버릴 줄 알아!"

→ "네 눈 건강에 도움이 될 수 있게 스마트폰 사용 시간을 좀 줄일 수 있겠니?"

"이 수영장에는 수영모를 쓰지 않으면 못 들어가!"

→ "네가 수영모를 잘 챙기면 수영장에 들어갈 수 있을 거야."

"저녁에 늦게 자니까 아침에 늘 못 일어나잖아!

→ "네가 조금만 일찍 잠들면 아침에 쉽게 일어날 수 있어."

이렇게 간단하게 일상의 부정적인 표현을 긍정어로 바꿀 수 있습니다. 허락과 도움을 주려는 마음만 기억하면 되죠. 부정어를 긍정어로 바꾸는 과정이 부모에게도 좋은 이유는 아이에게 긍정어를 들려주면서 그 좋은 말을 부모 자신도 들을 수 있기 때문입니다. 아이에게 허락을 구하는 표현을 통해 여러분의 마음을 전하고, 동시에 도움이 되려는 마음을 누구보다 소중한 자신에게도 들려주세요. 아이의 삶도 중요하지만, 부모 자신의 삶도 중요하니까요. 아이에게 좋은 것이 내게도 좋은 것이라는 사실도 기억해주세요.

마음 돌아보기

새로운 대화법으로 아이와 이야기를 나눈 후 느낀 점을 써볼까요?

8Day

'할 수 있는 이유'에 대해서 자주 말해주세요

"그렇게 하면 불가능하지!"

"생각 좀 하고 살자, 그게 되겠니?"

"그만, 넌 아직 안 돼!"

여러분은 제가 나열한 이 말의 공통점이 뭐라고 생각하세요? 맞아요, 모두 부정적인 영향을 주는 말입니다. 물론 안 되는 건 안 된다고 말하는 게 좋아요. 하지만 분명 희망을 줄 수 있는데, 절망만 주는 건 문제가 있습니다. 매우 중요한 지점이죠.

먼저, 지금까지의 관점을 바꿔서 이것 하나를 기억해주세요. 지금 여러분의 아이는 못 하는 게 아니라 할 수 있는 방법을 찾고 있을 뿐입니다. 처음에는 누구나 못 하는 게 많죠. 하지만 희망의 관점으로 보는 사람들은 '못 하는' 게 아니라 '할 수 있는 방법'을 찾고 있다고 생각합니다. 이건 결코 헛된 희망이 아닙니다. 실제로 부모가 그렇게 믿고 기다리면 대부분의 아이는 힘들다고 생각한 그 모든 것을 결국 해냅니다. 그래서 더욱 부모의 언어는 '못하는 현실'이 아니라, '할 수 있는 방법을 찾은 미래'에 집중해야 합니다. 방법은 간단합니다. 지금까지 썼던 부모의 말을 다음과 같이 바꾸면 됩니다. 중요한 내용이니 암기해서 응용해주세요.

"거기에서 던지면 절대 골대에 넣을 수 없어!"

→ "조금 더 앞에서 던지면 골대에 넣을 수 있지."

"조심! 내가 유리컵은 위험하다고 몇 번을 말했니!"

→ "유리컵으로 물을 마실 때는 손으로 꼭 잡으면 안전해."

"차도는 위험하다고 엄마가 분명 경고했지?"

→ "엄마랑 손을 잡고 가면 안전하게 건너편으로 갈 수 있어."

느낌이 어떤가요? 여러분의 말을 듣기만 해도 아이의 마음에 저절로 희망의 바람이 불 수 있게 해주세요. 아이는 그 바람을 따라 찾아간 곳에서 자신의 방법을 찾아낼 수 있을 것입니다. 부모는 그저 믿음의 눈으로 아이가 스스로 결정하고, 앞으로 나아가는 멋진 모습을 바라보기만 하면 됩니다. 아이의 실패와 좌절은 능력이 부족해서가 아닙니다. 그게 당연한 과정이고, 아이는 무너지고 다시 시작할 때마다 이전보다 더 완벽해질 것입니다. 하지만 그럴 때마다 부모가 나서서 오히려 실패를 조롱하고 비난하면, 아이는 다시 시작할 힘을 잃게 됩니다.

'할 수 없는 이유'에 대해서는 그만 말해도 됩니다. 그건 부모가 아니더라도 누구나 할 수 있는 일이니까요. 부모의 말은 조금 더 값지고 빛나야 합니다. 아이의 성장을 원한다면 이제는 '할 수 있는 이유'와 '할 수 있는 방법'에 대해서 알려주는 게 좋습니다. 그럼 아이도 스스로 가능성을 품고 다시 시작해서 뭐든 해낼 수 있을 테니까요.

"부모의 말이
아이의 가능성입니다."

9 Day

'때문에'라는 말이 하루를 대하는 태도를 망칩니다

"때문에"

"덕분에"

지금 한번 발음해보세요. 무엇이 느껴지나요? '때문에'라는 표현과 '덕분에'라는 표현에는 어떤 차이가 있을까요? 발음하는 것만으로도 어렵지 않게 차이를 발견할 수 있을 것입니다. 맞아요. '때문에'라는 표현에는 잘못을 미루거나 회피하는 등 부정적인 이미지가 녹아 있죠. 반대로 '덕분에'라는 표현에는 고마운 마음을 전하고 좋은 것을 발견하려는 선한 의지가 녹아 있습니다.

물론 과학과 수학적 원리를 설명할 때나, 논리를 서로 연결할 때는 '때문에'라는 표현을 적절하게 활용할 수 있습니다. 하지만 제가 말하는 부분은 아이와 함께 지내는 일상의 공간에서 이루어지는 표현입니다. 자, '때문에'라는 말이 들어가는 대표적인 일상의 말을 몇 가지 소개합니다. 느낌이 어떤지 한번 낭독해보세요.

"너 때문에 이렇게 된 거잖아! 네가 알아서 다 원래대로 해놔."

"네 선택 때문에 이렇게 돼서 내가 지금 얼마나 힘든지 알아?"

"내가 지금 너 하나 때문에 이 고생을 하며 살고 있네."

억울한 감정과 온갖 부정적인 느낌이 가득하죠. 같은 상황에서도 우리는 다른 표현을 활용해서 조금 더 따뜻하고 근사하게 말할 수 있어요. 그때 '덕분에'라는 표현은 매우 큰 역할을 합니다. 긍정어의 기본은 '덕분에'라는 표현에서 시작합니다. 다음에 제시하는 '덕분에'가 들어가는 말을 낭독하고 필사하며 여러분의 말이 되도록 마음에 채워주세요. 그래야 알맞은 때에 아이들에게 들려줄 수 있습니다.

"네가 이번에 실수한 덕분에
한 번 더 도전할 기회를 얻었네."

⇒ ______________________________

____

"허약한 게 나쁜 것만은 아니야.

아빠는 허약하게 태어난 덕분에

운동을 시작해서 건강해졌단다."

⇒ ______________________________

____

____

"와, 이렇게 네 노력 덕분에

공짜로 근사한 작품을 감상하네."

⇒ ______________________________

____

"잘하는 게 많을 필요는 없어.

엄마는 잘하는 일이 많지 않았던 덕분에

잘하는 하나에 집중할 기회를 얻게 되었지."

⇒ ______________________________

____

____

"네가 내 자식으로 태어난 덕분에

나는 요즘 얼마나 행복한지 모른단다."

⇒ ______________________________

____

"무언가를 못한다고 걱정할 필요는 없어.

무언가 못하는 게 있는 덕분에

잘하는 것도 생길 수 있는 거니까."

⇒ ______________________________

____

____

여러분이 글을 읽으며 꼭 기억하면 좋을 부분이 하나 있어요. 어떤 위대한 것도 모든 아이에게 100% 통하는 방법은 없다는 사실입니다. '이건 우리 아이에게 맞지 않을 것 같은데'라는 생각이 든다면 '에이, 이건 별로네'라는 생각보다는 이런 질문을 하는 게 효과적입니다.

'이걸 우리 아이에게 적용하려면 어떻게 해야 할까?'

세상이 아무리 "그건 불가능하지!"라고 말해도 부모는, 멈추지 않고 내 아이만을 위한 방법을 찾는 사람입니다. 그게 바로 '덕분에' 정신이기도 합니다. 우리가 아이에게 주려는 것은 언제나 좋은 것이지 부정적인 것이 아니니까요. 그러니 더욱 아이가 '덕분에'라는 표현과 친해지게 해주세요. 그럼 머지않아 세상에 존재하는 모든 긍정과 희망을 내면에 담은 근사한 아이로 성장하게 될 테니까요.

10Day

"에이 그건 아니지"라는 표현이 부정어에 익숙한 아이를 만듭니다

"에이 그건 아니지."

"그건 정말 아닌 것 같아."

위에 소개한 표현에 공통적으로 나오는 의미가 하나 있죠. 맞아요. 바로 '아니다'라는 의미입니다. 언어는 아이 성장에 매우 중요한 만큼 섬세하게 표현해야 가치를 전할 수 있습니다. 부모의 이런 표현은 아이에게 세상에 존재하는 모든 부정적인 요소를 찾아내게 만드는 것과 같은 효과가 있습니다. 이런 관찰이 최악인 이유는 좋은 것이 아니라, 아닌 것을 찾아내기 때문입니다. 긍정어를 사용하는 게 좋다는 사실을 잘 알고 있고, 암기까지 할 정도로 바라고 있지만 잘 되지 않는 이유가 바로 여기에 있습니다.

다시 한번 이 말을 차분하게 생각해보세요.

"에이 그건 아니지."

"그건 정말 아닌 것 같아."

물론 나쁜 부분이나 고칠 부분을 발견하고 지적하는 것도 중요합니다. 또한, 그럴 때는 이 말이 반드시 필요하기도 하죠. 거듭 강조하지만 그건 부모가 아니더라도 누구나 쉽게 할 수 있는 말입니다. 세상의 나쁜 것과 틀린 것은 악취를 풍기기 때문에 생각하지 않아도 쉽게 찾을 수 있으니까요. 아이에게 조금 더 귀한 것을 주고 싶다면, 부모의 말을 그 가치에 맞게 수준을 바꿀 필요가 있습니다.

이렇게 표현을 바꿔서 사용하면 아이와 함께 긍정어를 좀 더 쉽고 재미있게 사용할 수 있습니다. '기적의 긍정어'라고 부를 정도로 그 힘을 확신하는 표현 2가지를 여러분에게 소개합니다. 일상의 부정적인 표현을 이 공식대로 바꿔서 활용하면 좋습니다.

"에이 그건 아니지."

→ "그건 여기에 쓸모가 있겠다."

"그건 아닌 것 같아."

→ "그건 어디에 활용하면 좋을까?"

어떤가요? 나쁜 부분이나 틀린 점을 찾아내는 언어에서 벗어나, 스스로의 생각을 통해 좋은 부분을 찾아내는 삶으로 전환할 수 있지요. 불가능이 아닌 가능의 이유를, 무가치가 아닌 가치를 찾는 언어를 활용하면 우리는 보다 쉽게 긍정어를 쓸 수 있습니다. 일상에서 자주 사용하는 말을 통해 다시 설명합니다. 앞서 소개한 2가지 말과 더불어 다음 6가지 말을 낭독하고 필사하며 자신의 언어로 만들어주세요.

"이번에 네가 배운 지식을

어디에서 활용하면 좋을까?"

⇒ ______________________________

____

"세상에 쓸모없는 건 하나도 없지.

다만 가치를 모르는 사람만 있을 뿐이야."

⇒ ______________________________

____

"음악에서도 수학적인 부분을 발견할 수 있지 않을까?"

⇒ ______________________________

____

"하나를 배우면 더 알고 싶은 10개의 질문이 생기는 법이지."

⇒ ______________________________

____

"세상에 틀린 생각은 없어. 다른 생각만 있을 뿐이야."

⇒ ______________________________

____

"그 사람이 사용하는 언어를 보면 세상을 대하는 태도까지 알 수 있지."

⇒ ______________________________

____

언어는 인간의 삶을 구성하는 다양한 영역에 매우 결정적인 영향을 미칩니다. 아이들은 더욱 그렇습니다. 어린 시절에 부모에게 자주 들었던 말이 아이의 인생을 결정하기도 합니다. 우리가 입버릇처럼 말하는 "에이 그건 아니지", "그건 정말 아닌 것 같아"라는 말, 이제는 조금 더 생각하고 말할 필요가 있겠죠. 아예 쓰지 말아야 한다는 게 아닙니다. 생각하며 써야 적절한 순간에 알맞은 말을 들려줄 수 있다는 말이죠.

쓸모의 언어를 일상에서 자주 사용해주세요. 그리고 이 말을 꼭 기억해주세요.

"세상에 존재하는 모든 것에는 쓸모가 있습니다.
다만 쓰지 못하는 사람만 있을 뿐입니다.
그 쓸모는 언어를 통해 탄생합니다."

11Day

매일 아이와 마주칠 때마다 들려주면 마음이 예뻐지는 말

부모와 아이는 매일 다른 일을 하다가 중간중간 마주칩니다. 어쩌면 가정에서의 하루는 마주침의 연속이라고 말할 수 있지요. 아침에 일어나서 처음 마주치고, 세수하고 방으로 돌아가는 길에, 식사하기 위해 식탁에 앉으며, 학교에서 돌아와서, 학원에 나가는 길에 등등 무수히 많은 마주침이 있습니다. 이때 중요한 게 무엇일까요?

부모와 아이의 마주침은 '사랑하는 마음을 전하는 시간'이어야 한다는 사실입니다. 이런 식의 말은 좀 곤란합니다.

"책 다 읽고 노는 거야?"

"또 유튜브 보다가 나왔지!"

"흘리지 않고 먹었어?"

"느릿느릿 굼벵이가 기어가네!"

물론 교육을 하고 꼭 해야 하는 것을 알려주는 말도 필요하죠. 하지만 늘 그런 식의 말만 전하면 부모와 아이가 머무는 가정에 온기가 생기지 않고 마음도 차갑게 식어버립니다.

하지만 그때마다 무슨 말을 하면 좋을지 잘 생각이 나지 않습니다. 그래서 제가 준비했습니다. 매일 아이와 마주칠 때마다 나누면 좋은 10가지 말을 소개합니다. 따스한 마음으로 아이에게 나누어 주세요.

①"우리 오늘은 시간에 너무 쫓기지 말고,
서로에게 따스한 말만 하는 하루 되자."

②"잘 자고 일어났니?
오늘 하루도 행복하게 시작하자.
분명 좋은 일이 많이 생길 거야."

③"표정이 좋아 보이네,
뭐 기분 좋은 일 있었구나?"

④ "친구 만나서 행복하게 놀았구나.
네가 즐거운 표정이라서 엄마도 괜히 더 기쁘네."

⑤ "저녁에 먹고 싶은 거 없니?
엄마가 최고로 맛있게 해줄게."

⑥ "혼자 해결하기 힘든 문제가 있으면
아빠에게 언제든 말해줘.
늘 네 이야기를 기다리고 있으니까."

⑦ "방에서 숙제하고 있었구나,
알아서 숙제도 하고 기특하네."

⑧ "우리 같이 과자 먹을래?
엄마는 너랑 이렇게 과자 먹으면서
이런저런 이야기 하는 게 좋더라."

⑨ "학교 다녀와서 피곤하지?
편안하게 하고 싶은 거 하면서 쉬렴."

⑩ "우리 이렇게 마주칠 때마다
서로의 마음속에 간직한
가장 예쁜 말을 들려주는 거야."

처음에는 익숙하지 않아서 어렵게 느껴질 수도 있어요. 거기에 바로 핵심이 있습니다. 좋은 말과 예쁜 말이 어렵게 느껴지는 이유는 의미 자체를 이해하기 어려워서가 아니라, 단지 익숙하지 않기 때문이죠. 방법은 단 하나입니다. 암기를 해서라도 익숙해지게 만드는 것입니다. 제가 책을 통해서 66일을 강조하는 이유 역시 거기에 있습니다.

이제 여러분은 마지막 날인 66일에 도착해 있습니다. 아마 지금까지 낭독하고 필사했던 수많은 말이 내면과 머릿속에 가득할 겁니다. 다만 여기에서 멈추면 곤란합니다. 시간이 지나며 아이에게 필요한 말도 계속해서 바뀌고 새로 생깁니다. 부모의 말도 계속해서 발전하고 성장해야 한다는 말입니다. 좋은 말을 적절한 순간 들려주면 좋은 사람으로, 긍정적인 예쁜 말을 들려주면 마음도 아름다운 사람으로 자라죠.

물론 나쁜 것과 부정적인 것들도 알아야 합니다. 하지만 그건 굳이 배우지 않아도 저절로 알게 되는 것들이라 신경 쓰지 않아도 됩니다. 마주칠 때마다 좋은 말을 나누며 아이는 좋은 말이 가진 가치를 깨달을 수 있습니다. 가치를 아는 사람은 포기하지 않죠. 아름다운 것이라는 사실을 알기 때문입니다. 부모의 말은 아이의 모든 능력을 바깥으로 꺼내게 해주는 '지성의 통로'입니다. 그러니 오늘 아이를 더 사랑해주세요. 그 사랑을 통해 아이는 자기 안에 있는 모든 능력을 세상에 꺼낼 수 있으며, 어제보다 좀 더 행복한 하루를 살게 될 겁니다.

1일 1문장으로 부모는 따뜻하게, 아이는 단단하게 자라는

66일 인문학 대화법

초판 1쇄 발행 2023년 4월 24일

초판 9쇄 발행 2024년 4월 17일

지은이 김종원

펴낸이 민혜영

펴낸곳 (주)카시오페아 출판사

주소 서울시 마포구 월드컵북로 402, 906호(상암동 KGIT센터)

전화 02-303-5580 | **팩스** 02-2179-8768

홈페이지 www.cassiopeiabook.com | **전자우편** editor@cassiopeiabook.com

출판등록 2012년 12월 27일 제2014-000277호

ISBN 979 - 11 - 6827 - 110 - 4 03590